U0395270

格致方法·定量研究系列　吴晓刚　主编

分位数回归模型

[美]　郝令昕（Lingxin Hao）
丹尼尔·Q.奈曼（Daniel Q.Naiman）　著

肖东亮　译

SAGE Publications, Inc.

格致出版社　上海人民出版社

出版说明

由香港科技大学社会科学部吴晓刚教授主编的"格致方法·定量研究系列"丛书,精选了世界著名的 SAGE 出版社定量社会科学研究丛书,翻译成中文,起初集结成八册,于 2011 年出版。这套丛书自出版以来,受到广大读者特别是年轻一代社会科学工作者的热烈欢迎。为了给广大读者提供更多的方便和选择,该丛书经过修订和校正,于 2012 年以单行本的形式再次出版发行,共 37 本。我们衷心感谢广大读者的支持和建议。

随着与 SAGE 出版社合作的进一步深化,我们又从丛书中精选了三十多个品种,译成中文,以飨读者。丛书新增品种涵盖了更多的定量研究方法。我们希望本丛书单行本的继续出版能为推动国内社会科学定量研究的教学和研究作出一点贡献。

总　序

　　2003 年，我赴港工作，在香港科技大学社会科学部教授研究生的两门核心定量方法课程。香港科技大学社会科学部自创建以来，非常重视社会科学研究方法论的训练。我开设的第一门课"社会科学里的统计学"（Statistics for Social Science）为所有研究型硕士生和博士生的必修课，而第二门课"社会科学中的定量分析"为博士生的必修课（事实上，大部分硕士生在修完第一门课后都会继续选修第二门课）。我在讲授这两门课的时候，根据社会科学研究生的数理基础比较薄弱的特点，尽量避免复杂的数学公式推导，而用具体的例子，结合语言和图形，帮助学生理解统计的基本概念和模型。课程的重点放在如何应用定量分析模型研究社会实际问题上，即社会研究者主要为定量统计方法的"消费者"而非"生产者"。作为"消费者"，学完这些课程后，我们一方面能够读懂、欣赏和评价别人在同行评议的刊物上发表的定量研究的文章；另一方面，也能在自己的研究中运用这些成熟的方法论技术。

　　上述两门课的内容，尽管在线性回归模型的内容上有少量重复,但各有侧重。"社会科学里的统计学"从介绍最基本的社会研究方法论和统计学原理开始,到多元线性回归模型结束,内容涵盖了描述性统计的基本方法、统计推论的原理、假设检验、列联表分析、方差和协方差分析、简单线性回归模型、多元线性回归模型,以及线性回归模型的假设和模型诊断。"社会科学中的定量分析"则介绍在经典线性回归模型的假设不成立的情况下的一些模型和方法,将重点放在因变量为定类数据的分析模型上,包括两分类的 logistic 回归模型、多分类 logistic 回归模型、定序 logistic 回归模型、条件 logistic 回归模型、多维列联表的对数线性和对数乘积模型、有关删节数据的模型、纵贯数据的分析模型,包括追踪研究和事件史的分析方法。这些模型在社会科学研究中有着更加广泛的应用。

修读过这些课程的香港科技大学的研究生,一直鼓励和支持我将两门课的讲稿结集出版,并帮助我将原来的英文课程讲稿译成了中文。但是,由于种种原因,这两本书拖了多年还没有完成。世界著名的出版社 SAGE 的"定量社会科学研究"丛书闻名遐迩,每本书都写得通俗易懂,与我的教学理念是相通的。当格致出版社向我提出从这套丛书中精选一批翻译,以飨中文读者时,我非常支持这个想法,因为这从某种程度上弥补了我的教科书未能出版的遗憾。

翻译是一件吃力不讨好的事。不但要有对中英文两种语言的精准把握能力,还要有对实质内容有较深的理解能力,而这套丛书涵盖的又恰恰是社会科学中技术性非常强的内容,只有语言能力是远远不能胜任的。在短短的一年时间里,我们组织了来自中国内地及香港、台湾地区的二十几位研究生参与了这项工程,他们当时大部分是香港科技大学的硕士和博士研究生,受过严格的社会科学统计方法的训练,也有来自美国等地对定量研究感兴趣的博士研究生。他们是香港科技大学社会科学部博士研究生蒋勤、李骏、盛智明、叶华、张卓妮、郑冰岛,硕士研究生贺光烨、李兰、林毓玲、肖东亮、辛济云、於嘉、余珊珊,应用社会经济研究中心研究员李俊秀;香港大学教育学院博士研究生洪岩璧;北京大学社会学系博士研究生李丁、赵亮员;中国人民大学人口学系讲师巫锡炜;中国台湾"中央"研究院社会学所助理研究员林宗弘;南京师范大学心理学系副教授陈陈;美国北卡罗来纳大学教堂山分校社会学系博士候选人姜念涛;美国加州大学洛杉矶分校社会学系博士研究生宋曦;哈佛大学社会学系博士研究生郭茂灿和周韵。

参与这项工作的许多译者目前都已经毕业,大多成为中国内地以及香港、台湾等地区高校和研究机构定量社会科学方法教学和研究的骨干。不少译者反映,翻译工作本身也是他们学习相关定量方法的有效途径。鉴于此,当格致出版社和 SAGE 出版社决定在"格致方法·定量研究系列"丛书中推出另外一批新品种时,香港科技大学社会科学部的研究生仍然是主要力量。特别值得一提的是,香港科技大学应用社会经济研究中心与上海大学社会学院自 2012 年夏季开始,在上海(夏季)和广州南沙(冬季)联合举办《应用社会科学研究方法研修班》,至今已经成功举办三届。研修课程设计体现"化整为零、循序渐进、中文教学、学以致用"的方针,吸引了一大批有志于从事定量社会科学研究的博士生和青年学者。他们中的不少人也参与了翻译和校对的工作。他们在繁忙的学习和研究之余,历经近两年的时间,完成了三十多本新书的翻译任务,使得"格致方法·定量研究系列"丛书更加丰富和完善。他们是:东南大学社会学系副教授洪岩璧,香港科技大学社会科学部博士研究生贺光烨、李忠路、王佳、王彦蓉、许多多,硕士研究生范新光、缪佳、武玲蔚、臧晓露、曾东林,原硕士研究生李兰,密歇根大学社会学系博士研究生王骁,纽约大学社会学系博士研究生温芳琪,牛津大学社会学系研究生周穆之,上海大学社会学院博士研究生陈伟等。

陈伟、范新光、贺光烨、洪岩璧、李忠路、缪佳、王佳、武玲蔚、许多多、曾东林、周穆之,以及香港科技大学社会科学部硕士研究生陈佳莹,上海大学社会学院硕士研究生梁海祥还协助主编做了大量的审校工作。格致出版社编辑高璇不遗余力地推动本丛书的继续出版,并且在这个过程中表现出极大的耐心和高度的专业精神。对他们付出的劳动,我在此致以诚挚的谢意。当然,每本书因本身内容和译者的行文风格有所差异,校对未免挂一漏万,术语的标准译法方面还有很大的改进空间。我们欢迎广大读者提出建设性的批评和建议,以便再版时修订。

我们希望本丛书的持续出版,能为进一步提升国内社会科学定量教学和研究水平作出一点贡献。

吴晓刚

于香港九龙清水湾

目 录

序

40年来，经典的线性回归模型一直是社会科学定量研究方法论中重要的组成部分。目前已有的关于定量方法应用的书籍，涉及许多关于线性回归的各种延伸话题，例如logit、probit、事件史、广义线性、广义非参数模型和处理删截、样本选择、截断和缺失数据的线性回归模型；此外，还包括许多其他相关的模型，例如方差分析、协方差分析、因果模型、对数线性模型、多重比较和时间序列分析等。

经典回归的主旨在于基于解释变量来估计因变量的均值。当回归假设成立时，这一方法是有效的；但当出现非标准情况时，它就会失效［关于线性回归假设的详细讨论，见《理解回归假设》，威廉·贝里（William Berry）著］。其中两个是正态性假设和方差齐性假设。通常的社会科学数据无法满足这两个关键的假设。例如，（条件）收入分布一般不是正态的，并且首席执行官的年度分红分布随着公司规模的增大而上升，这意味着存在异方差性问题。这正是分位数回归可以处理的问题，因为它放松了这些假设。另外，分位数回归为研究者提供了一个（无法从经典回归中获得的）新视角，研究解释变量对因变量分布中位置、尺度和形状的效应。

分位数回归的思想并不新颖，事实上它起源于1760年，当时一个游历学者、克罗地亚基督徒鲁杰尔·约瑟普·博斯科维克（Rudjer Josip Boscovich）——他拥有许多头衔：物理学家、天文学家、外交官、哲学家、诗人和数学家——来到伦敦讲授他尚未成熟的中位数回归方法。然而，这一回归方法计算的复杂性直到最近依然是一大挑战。由于今日快速的计算功能和统计软件的广泛应用（如可执行分位数回归程序的R、SAS和Stata），使得拟合分位数回归模型变得更加容易。但是，至今我们仍未提供任何关于分位数回归是什么的介绍。在本书中，郝令昕和奈曼介绍了分位数和分位数函数的概念，并阐述了分位数回归模型，讨论了它们的估计和推断方法，并通过具体例子演示了对分位数回归估计值（是否转换）的解释。同时，他们也提供了应用分位数回归分析美国1991年和2001年收入不平等的完整例子，以此确定这一方法的思想和步骤。本书填补了丛书的空白并且有助于社会科学研究者更加熟悉分位数回归。

廖福挺

第 1 章

引　言

　　回归分析的目的在于揭示因变量和自变量的关系。在实际应用中,自变量并不能精确地估计因变量。相反,与每个自变量的特定值相对应的因变量是一个随机变量。因此,我们常常使用集中趋势的测量方法,来概括自变量特定值域下的因变量变化情况,主要包括均值、中位数和众数。

　　传统的回归分析主要关注均值,即采用因变量条件均值的函数来描述自变量每一特定数值下的因变量均值,从而揭示自变量与因变量的关系。模型化和拟合条件均值函数(conditional-mean function)是回归模型法大族谱中的核心思想,具体包括常见的简易线性回归模型、多元回归、加权最小平方数下的异方差误差模型和非线性回归模型。

　　条件均值模型具有以下优点:在理想的条件下,它们可以为我们提供关于自变量和因变量分布关系的完整的和参数的描述。另外,采用条件均值模型可获得具有优越统计特性的估计量(最小二乘法和最大似然法),它更容易计算,并且更容易解释。这种模型通过不同的方式被推广,从而适用于误差具有异方差性的情况,因此,对于特定的自变量,因变量条件均值和条件单位的模型化可以同时进行。

　　条件均值模型被广泛应用于社会科学中,尤其在过去的半个多世纪里，使用最小二乘法及其衍化方法对连续型因变量和自变量的关系进行回归建模被认为是现代重要的统计工具。最近，分析二分因变量的 logistic 和 probit 模型、分析计数因变量的泊松回归模型在社会科学研究中的重要性不断提高。这些方法并没有超出条件均值模型的框架。当社会科学定量研究者已经应用更高级的分析方法来放宽条件均值框架下的一些建模假设时，这个框架本身却很少被质疑。

条件均值框架存在先天的局限性。首先，当归纳自变量特定数值下的因变量情况时，这个条件均值模型并不能轻易地扩展到非中心位置，而非中心位置往往正是社会科学研究的兴趣所在。例如，关于经济不平等和流动的研究对穷人（低尾）和富人（上尾）的情况有浓厚的兴趣。教育研究者会设法在既定的成绩水平下去理解和减少群体差异（如三层次参照标准：基础、熟练和高级）。这样，对中心位置的强调，长期阻碍了学者采用恰当的技术来研究有关因变量非中心位置的课题。而采用条件均值模型来分析以上问题是没有效率的，甚至会偏离研究重点。

其次，这些模型的假设在现实生活中并不总会得到满足。特别是方差齐性假设经常被违反。另外仅仅关注集中趋势会忽视关于因变量分布的有用信息。并且，社会现象中通常会出现重尾分布，从而导致离群值优势。正因为条件均值深受离群值的干扰，所以它对中心位置的测量是不恰当和具有误导性的。

最后，一直以来对中心位置的关注转移了学者对因变量整体分布性质的注意力。我们需要跳出预测变量的位置和数值范围对因变量的效应这一框架，进而探讨预测变量的变化会如何影响因变量分布的基本形状。例如,许多社会科学研究关注社会分层和不平等,这一领域要求深入分析因变量的分布特征。对分布特征的描绘包括中心位置、数值范围、偏态和其他高阶特性,而不仅仅是中心位置。因此,采用条件均值模型来表述因变量分布与自变量的关系是具有先天性缺陷的。关于不平等主题的例子包括工资、收入和财富等经济不平等;在学业成绩上的教育不平等;在身高、体重、疾病发生概率、毒品上瘾、医疗和预期寿命上的健康不平等和由于社会政策而导致的生活质量的不平等。这些课题通常采用条件均值框架进行分析,从而忽略了其他更重要的分布特征。

条件均值模型的替代方法可以追溯到 18 世纪中期。这一方法被称为条件中位数模型,或简称中位数回归。它解决了一些上面提出的关于集中趋势测量方法的选择问题。这种方法用最小绝对距离估计代替最小二乘估计。最小二乘估计不需要大功率的计算机便可轻松实现,然而最小绝对距离估计必须借助强大的计算机力量。所以,直到 20 世纪 70 年代后期,当计算机技术融合了如线性优化等算法系统时,采用最小绝对距离估计的中位数回归模型才变得实用。

中位数回归模型可以实现与条件均值回归模型同样的目标:表述因变量的中心位置与一组协变量之间的关系。然而,当因变量的分布是高度偏态时,均值在解释的时候就会受到质疑,而中位数依然保有大量信息。因此,条件中位数模型具有更大的应用潜力。

中位数是一个特殊的分位数,它表示一种分布的中心位置。中位数回归是分位数回归的一种特殊情况,在这里,第 0.5 分位数被模型化为一个关于协变量的函数。一般地说,其他分位数则可以用来描述一种分布的非中心位置。分位数概念可归纳为一些特定的名称,如四分位数、五分位数、十分位数和百分位数。第 p 个百分位数表示因变量的数值低于这一百分位数的个案数占总体的 $p\%$。因此,分位数可以指定分布中的任何一个位置。例如,有 2.5% 的个案数值低于第 0.025 分位数。

凯恩克(Koenker)和巴西特(Bassett)在 1978 年引入分位数回归,将条件分位数模型化为预测变量的函数。分位数回归模型是线性回归模型的自然扩展。随着协变量的变化,线性回归模型描述了因变量条件均值的变化,而分位数回归模型则强调条件分位数的变化。由于所有分位数都是可用的,所以对任何预先决定的分布位置进行建模都将是可能的。因而,研究人员可以选择适合他们特定研究议题的分位数进行分析。贫穷研究关心低收入人群,例如,在 2000 年 11.3% 的社会底层生活在贫穷状态中(U. S. Census Bureau, 2001)。税收政策研究则关注富人,例如,最富有的 4% 的人口(Shapiro & Friedman, 2001)。条件分位数模型为集中研究人口中的特定人群提供了灵活性,而条件均值模型则做不到。

由于多元分位数可被模型化,所以我们可以更加全面地理解因变量的分布是如何受到预测变量的影响的,包括形状变化等信息。一组间距相同的条件分位数(如总体中的每 5% 或每 1%)可以描绘除中心位置外的条件分布的形状。这种模型化形状变化的能力是社会不平等研究领域在方法论上的一次飞跃。按照惯例,以往的不平等研究并不是建立在模型基础上的,这些方法包括洛伦兹曲线(Lorenz curve)、基尼系数(the Gini coefficient)、泰尔熵标准(Theil's measure of entropy)、方差系数和对数转换分布的标准差等。

通过建立在线性优化基础上的算法系统，最小化关于距离的广义测量方法便可以轻松地建立分位数回归模型。因此，分位数回归目前是研究者的实用工具。社会科学家所熟悉的软件包则提供了简单易懂的命令来拟合分位数回归模型。

在凯恩克和巴西特首次引入分位数回归的 15 年后，有关分位数回归的实际应用开始迅速普及。实证研究者通过分位数回归来检验预测变量对因变量分布的影响。由经济学家(Buchinsky, 1994；Chamberlain, 1994)完成的两篇早期实证研究论文，为我们提供了如何将分位数回归应用到工资研究中的实际例子。借助分位数回归，他们全面分析了工资的条件分布，发现教育和工作经验的回报以及工会成员身份的效应在不同的工资分位点上是不同的。采用分位数回归分析工资的例子不断增加，并且扩展至另外一些话题，如工资分布的变化(Machado & Mata, 2005；Melly, 2005)、特定行业内的工资分布(Budd & McCall, 2001)、白人与少数族裔(Chay & Honore, 1998)、男性与女性(Fortin & Lemieux, 1998)的工资差距、受教育水平和工资不平等(Lemieux, 2006)以及收入的代际转移(Eide & Showalter, 1999)。分位数回归同样应用于分析学校的教育质量(Bedi & Edwards, 2002；Eide, Showalter & Sims, 2002)以及人口特征对婴儿出生体重的影响(Abreveya, 2001)。分位数回归还延伸至其他领域，特别是社会学(Hao, 2005, 2006a, 2006b)、生态学和环境科学(Cade, Terrell & Schroeder, 1999；Scharf, Juanes & Sutherland, 1989)，还有医学和公共卫生等领域

（Austin et al. , 2005；Wei et al. , 2006）。

本书旨在向那些对分布形状和位置的建模方法有着浓厚兴趣的社会科学家们介绍分位数回归模型。此外，本书同样适合那些关注线性回归模型易受偏态分布和离群值影响这一问题的读者们。该书的写作主要建立在凯恩克及其同事们的奠基性著作上（如 Koenker，1994；Koenker，2005；Koenker & Bassett，1978；Koenker & d'Orey，1987；Koenker & Hallock，2001；Koenker & Machado，1999）并作出了两大新贡献。在分位数回归估计值的基础上，我们发展了基于条件分位数上形状变化的测量方法。这些测量方法为我们提供了关于协变量如何影响因变量的分布形状这一研究问题的直接答案。另外，为了获取更好的模型拟合效应，不平等研究常常对右偏的因变量分布进行对数转换，并未考虑在这种情况下"不平等"指的是初始数值的分布。因此，我们发展出一套方法，从对数单位系数中计算协变量对条件分位数函数的位置和形状的绝对值效应。

从我们的研究经验中知道，这本书是为从事实证研究的学者而编写的。我们采用社会科学家熟悉的语言和步骤进行教学，具体包括定义清晰的术语、简化的方程式、插图、实证数据的图表和社会科学家熟悉的统计软件的计算编码。贯穿全书，我们从自己的家庭收入研究中提取实际例子进行讲述。为了更好地介绍分位数回归，我们使用简化的模型设定，在这里，不管是初始单位还是对数转换的因变量，其条件分位数函数对于协变量而言都是线性的和可加的。正如在线性回归中，我们介绍的方法可以轻松地应用于更加复杂的模型设定中，例如交互项和协变量的多项式或样条函数。

　　本书内容组织如下:第 2 章从两个方面定义分位数和分位数函数——运用分布函数和解决最小化问题。相对于分布矩阵(如均值、标准差),本章还提出测量分布位置和形状的分位差方法。第 3 章比较了线性回归模型和分位数回归模型(QRM)的基本原理,包括模型建立、估计量和特性。通过特定的分位数参数来建构多条分位数回归方程是分位数回归模型的独特性质。我们将展示如何运用最小距离原则来拟合分位数回归方程。QRM 假设分布具有单调同变性和稳健性等特性,这些特性可为我们提供灵活稳健的估计,此外,QRM 还具有其他线性回归模型所不具备的性质。在第 4 章里,我们讨论了分位数回归模型的推论方法。除了介绍分位数回归系数的渐近推论外,本章还强调自举法的实用性和可行性。另外,相对于线性回归模型,我们还简短地讨论了分位数回归模型的拟合优度。第 5 章提出了多种解释分位数回归估计值的方法。本章超越了协变量对特定条件分位数(如中位数或其他非中心分位数)效应的传统检验,主要关注对分布的理解。它阐述了对分位数回归估计值的图像化解释和从分位数回归估计值中对形状变化的定量测量,包括位置转移、尺度变化和偏态变化等。第 6 章讨论与单调转换因变量相关的话题。我们提出了两种方法,从对数单位系数中获得协变量对条件分位数函数的位置和形状的绝对值效应。第 7 章讲述了本书介绍并加以发展的技术的系统运用。在本章中,我们分析了美国在 1991 年至 2000 年持续并扩大的收入不平等的原因。最后,附录提供了第 2 章解决最小化问题的中位数和分位数的证明以及执行第 7 章所描述的分析任务的 Stata 命令。

第 **2** 章

分位数和分位数函数

　　描述并比较总体的分布特征，是社会科学的本质。描述分布最简单和最常见的方法，莫过于寻找代表中心位置的平均值和揭示离散程度的标准差。然而，将注意力仅仅局限于平均值和标准差，无疑会让我们忽视其他有助于深入挖掘分布特征的重要特性。对于许多学者而言，他们感兴趣的总体多为偏态分布，因此均值和标准差并不是测量位置和形状的最佳方法。为了描绘非对称分布的位置和形状特征，本章用累积分布函数(CDF)的方法介绍分位数、分位数函数及其特性，并且发展出测量分布位置和形状的分位差方法，最后将分位数重新定义为最小化问题的解决方法。

第 1 节 | 分布函数、分位数和分位数函数

　　我们可通过分布函数描绘一个随机变量 Y 的分布。分布函数即在给定的函数 F_Y 中，对于每一个 y 值，当 $Y \leqslant y$ 时在总体中所占的比例。图 2.1 呈现了标准正态分布的分布函数。分布函数可用做计算 y 值在任意区间占总体的比例。由图 2.1 可知，$F_Y(0) = 0.5$ 和 $F_Y(1.28) = 0.9$。我们可以通过这一函数计算所有其他关于 Y 的概率。特别有 $P[Y > y] = 1 - F_y(y)$（例如，在图 2.1 中，$P[Y > 1.28] = 1 - F_y(1.28) = 1 - 0.9 = 0.1$）和 $P[a < Y \leqslant b] = F_Y(b) - F_Y(a)$（例如，在图 2.1 中，$P[0 \leqslant Y \leqslant 1.28] = F_Y(1.28) -$

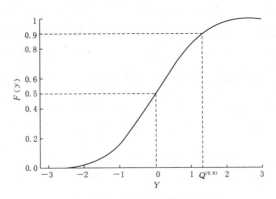

图 2.1　标准正态分布的累积密度函数

$F_Y(0) = 0.40$）。分布函数最重要的两大特性是单调性（例如，当 $y_1 \leqslant y_2$ 时，$F(y_1) \leqslant F(y_2)$）和它的极限 $\lim_{y \to -\infty} F(y) = 0$ 和 $\lim_{y \to +\infty} F(y) = 1$。对于一个连续性随机变量 Y，我们同样可用概率密度函数来表示它的分布，对于所有 a 和 b 的取值，都有 $P[a \leqslant Y \leqslant b] = \int_{y=a}^{b} f_Y dy$。

让我们回到通过位置和离散并不足以充分描述一个分布的话题。假如我们知道白人家庭的平均收入（W）比黑人家庭的平均收入（B）多出 20500 美元。这可以简单描述成形状不变的分布图在位置上的移动（见图 2.2a 中对应的密度函数），因此这两种分布的关系可表示为 $F^B(y) = F^W(y - 20500)$。但事实上，这两种分布的差异同时体现在位置和形状上（见图 2.2b 中对应的密度函数），所以对于常数 a 和 $c(a > 0)$，两种分布之间的关系可归纳为 $F^B(y) = F^W(ay - c)$。这就是当 y 的均值和方差在总体 W 和 B 之间都不相同时出现的情况。对位置和尺度的测量方法，如均值和标准差，或者中位数和四分位距，有助于我们比较两种分布的 Y 属性。

分布越不对称时，需要越复杂的分析方法。对分位数和分位数函数的考虑可为我们提供一系列丰富的分析方法。下面我们继续讨论分布函数 F，对于某些总体特征而言，该分布的第 p 分位数可表示为 $Q^{(p)}(F)$（或者当被讨论的总体是已知时，可简化为 $Q^{(p)}$），$Q^{(p)}(F)$ 则代表分布函数在 p 点上的反函数的值，即存在一个值 y，使得 $F(y) = p$。所以，处于 $Q^{(p)}$ 值之下的比例为 $p\%$。例如，在标准正态分布的例子中（见图 2.1），因为 $F(1.28) = 0.9$，所以 $Q^{(0.9)} = 1.28$，那就是在值 1.28 之下的比例为 0.9 或 90%。

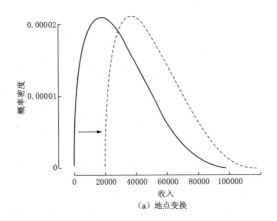

（a）地点变换

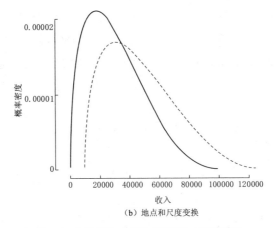

（b）地点和尺度变换

图 2.2 位置移动、位置和尺度变化（假设数据）

类似于总体的分布函数，我们考虑对应于一个样本的经验或样本分布函数。对于一个包含值 y_1，y_2，…，y_n 的样本，经验分布函数表示样本值小于或等于任意值 y 所占的比例。经验分布函数 $\hat{F}$ 的正式的定义为：

$$\hat{F}(y) = 样本值小于或等于 y 值所占的比例$$

例如，考虑一个包含 20 户家庭收入情况的样本（单位：美元），3000、3500、4000、4300、4600、5000、5000、5000、8000、9000、10000、11000、12000、15000、17000、20000、32000、38000、56000 和 84000。由于 8 户家庭的收入在 5000 美元以下，所以我们有 $F(5000) = 8/20$。这一经验分布函数图如图 2.3 所示，包括一个上涨部分和几个平坦部分。例如，在 5000 美元这一点，上涨部分达 3/20，这表明在该样本中，5000 美元出现了 3 次；而平坦部分则出现在 56000 美元和 84000 美元之间，这表明在这两点之间不存在其他样本值。因为经验分布函数存在平坦部分，所以在某些值上存在多个反函数。例如，如图 2.3 所示，在 56000 和 84000 之间的 $Q^{(0.975)}$ 是一个存在多种选择的连续统。因此，当我们采用分位数和分位数函数来分析一般性分布时，需要留意以下定义。

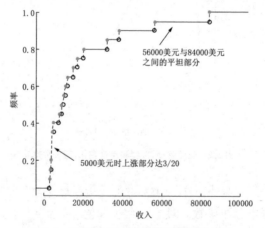

图 2.3　具有跳跃和水平部分的累积密度函数

定义：一条分布函数下的第 p 分位数 $Q^{(p)}$ 是一组 y 值中的最小值，从而使 $F(y) \geqslant p$。函数 $Q^{(p)}$（作为 p 的函数）正是 F 的分位数函数。

图 2.4 展示了分位数函数和与之相应的分布函数。由此可以观察到：分位数函数是一条从底端开始的单调非递减的连续性函数。

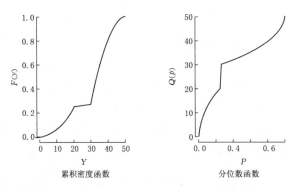

累积密度函数　　　　　分位数函数

图 2.4　累积密度函数及其相应的分位数函数

作为特殊的例子，我们讨论样本分位数，它可用做估计抽样分布的分位数。

定义：给定一个样本 y_1，y_2，$\cdots$，y_n，我们将第 p 样本分位数 $\hat{Q}^{(p)}$ 定义为相应的经验分布函数 $\hat{F}$ 的第 p 分位数，即 $\hat{Q}^{(p)} = \hat{Q}^{(p)}(F)$。与之相应的分位数函数，就表示为样本分位数函数。

样本分位数与顺序统计量密切相关。假定样本 y_1，y_2，$\cdots$，y_n，我们按其大小从低到高排列，则表示为 $y_{(1)}$，$\cdots$，$y_{(n)}$，有 $y_{(1)} \leqslant y_{(2)} \leqslant \cdots \leqslant y_{(n)}$。有些数值如果出现多次，它们会被重复。顺序统计量和样本分位数的关系可简单描述如下：对于大小为 n 的一个样本，第 (k/n) 样本分位数由 $y_{(k)}$ 确定。例如，在以上的 20 户家庭收入数据中，第 $(4/20)$ 的样本分位数，即第 20 百分位数，等于 $\hat{Q}^{(0.2)} = y_{(4)} = 4300$。

第 2 节 | **样本分位数的抽样分布**

　　样本分位数在大样本中会如何表现,是需要重点关注的。对于一个从某分布中抽取的大样本 $y_{(1)}, \cdots, y_{(n)}$,该分布的分位数函数为 $\hat{Q}^{(p)}$,概率密度函数为 $f = F$,$\hat{Q}^{(p)}$ 的分布接近均值为 $Q^{(p)}$、方差为 $\dfrac{p(1-p)}{n} \cdot \dfrac{1}{f(Q^{(p)})^2}$ 的正态分布。特别的,这一样本分布的方差完全由在分位点上估计而来的概率密度决定。这种对分位点上的密度的依赖有简单直观的解释:如果分位数附近有较多数据点(更高的密度),那么样本分位数更稳定;相反的,如果分位数附近有较少数据点(更低的密度),那么样本分位数较不稳定。

　　为了估计分位数抽样的变异性,我们可以利用以上的方差近似值,但这需要事先估计未知的概率密度函数。图 2.5 给我们展示了一种标准的估计方法,函数 $\hat{Q}^{(p)}$ 在点 p 的切线斜率是分位数函数在 p 点上的导数,同样的,有密度函数的倒数:$\dfrac{d}{dp}Q^{(p)} = 1/f(Q^{(p)})$。这一项式接近点 $(p-h, \hat{Q}^{(p-h)})$ 和 $(p+h, \hat{Q}^{(p+h)})$ 的割线斜率 $\dfrac{1}{2h}(\hat{Q}^{(p+h)} - \hat{Q}^{(p-h)})$,尤其当 h 为极小值时。

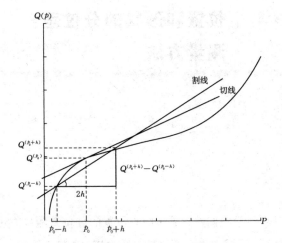

注:函数在 p_0 点的导数(切线的斜率)约等于割线的斜率。

图 2.5 如何估计分位数函数的斜率的图示

第 3 节 | 位置和形状的分位差
测量方法

　　社会科学家们熟悉关于中心位置的分位差测量方法,即是中位数(如 50% 分位数)而不是均值(密度函数的第一阶矩)被用作指示偏态分布的中心。

　　通过基于分位数的位置允许我们研究更多非分布中心的位置概念。具体来说,我们可以由此检验特定子样本中的低尾位置(如 10% 分位数)或者上尾位置(如 90% 分位数)。

　　描述分布形状的两大基本属性是尺度和偏态。尺度一般通过标准差测量得到;标准差则通过数据值与均值的差的二次函数计算得到。对于对称分布而言,解释这种测量是很容易的,但当分布变得高度不对称时,对它的解释便站不住脚。同样的情况也出现在重尾分布(heavy-tailed distribution)上。由于许多用以描述社会现象的分布是偏态的或者是重尾的,因此使用标准差来表示它们的尺度便会出现问题。放弃使用标准差来捕捉分布的离散程度,我们可以使用选定 p 值下的分位差尺度测量法(quantile-based scale measure, QSC):

$$QSC^{(p)} = Q^{(1-p)} - Q^{(p)} \text{ for } p < 0.5 \qquad [2.1]$$

我们可以通过 $Q^{(0.025)}$ 和 $Q^{(0.975)}$ 获得总体中间位置的 95％ 分布,或者通过 $Q^{(0.25)}$ 和 $Q^{(0.75)}$ 获得中间位置的 50％分布(即传统意义上的四分位距),或者任何中间部分的 $100(1-2p)$％ 分布。

QSC 不仅提供了直接有效的尺度测量方法,而且促进了基于模型的尺度变化的测量方法的发展(详见第 5 章)。相比之下,根据由标准差测量的尺度变化来析出预测变量效应的模型方法,限制了我们发现其他模式的可能。

测量分布形状的第二种属性是偏态。这一属性是许多不平等研究的核心所在。偏态通过数据值与均值的差的三次函数来计算。当数据围绕样本均值对称分布时,偏态的值等于 0。负的偏态值对应左偏分布;反之,正的偏态值则对应右偏分布。换言之,偏态的存在,表明中位数以下的分布和中位数以上的分布出现了不平衡。

尽管偏态常常被用做描述分布的非正态性,但是偏态需要通过分布的高阶矩计算得到,这一事实限制了偏态的作用。我们需要寻找连接属性(如偏态)和协变量的更灵活的方法。与动差法(moment-based measure)相比,样本分位数可以在许多方面描述分布的非正态性。分位数和分布形状的简单结合有助于进一步发展出模型化分布形状变化的方法(这一方法将在第 5 章讨论)。

非对称的上端和下端部分可通过分位数函数表达。图 2.6 分别描述了正态分布和右偏分布的分位数函数。正态分布的分位数函数围绕第 0.5 分位数(中位数)对称分布。如图 2.6a,分位数函数在第 0.1 分位数的切线斜率等于在第 0.9 分位数的切线斜率。其他低—高对应的分位数同样具备这一特性。相比之下,偏态分布的分位数函数围绕中位数的分布则是不对称的。如图2.6b,分位数函数在第0.1分位数的切线斜率明显不同于在第0.9分位数上的切线斜率。

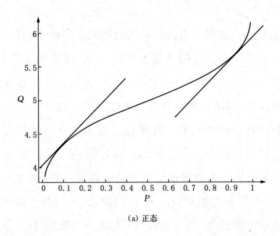

(a) 正态

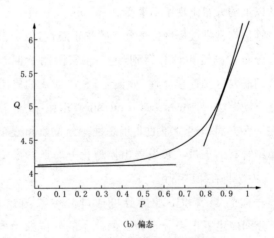

(b) 偏态

图2.6 正态对偏态的分位数方程

用上端部分(upper spread)表示中位数之上的分布情况,而下端部分(lower spread)对应于中位数之下的分布。对于对称分布而言,上端部分和下端部分是相同的。另一方面,在右偏分布中,下端部分远远短于上端部分。我们将分位差偏态测量(quantile-based skewness,QSK)量化为上端部分与下端部分的比值减去 1。

$$QSK^{(p)} = (Q^{(1-p)} - Q^{(0.5)})/(Q^{(0.5)} - Q^{(p)}) - 1, \; p < 0.5$$

[2.2]

量化的 $QSK^{(p)}$ 通过减去 1 而重新回到中心位置,因此对于对称分布而言,它依然等于 0。当 $QSK^{(p)}$ 值大于 0 时,为右偏分布;当 $QSK^{(p)}$ 值小于 0 时,为左偏分布。

表 2.1 呈现了图 2.6 中的对称分布和右偏分布的 9 个分位数,上端部分和下端部分,4 个不同 p 值下的 $QSK^{(p)}$ 值。对于对称分布而言,$QSK^{(p)}$ 等于 0;而在右偏分布中,该值在 0.3 至 1.7 之间。$QSK^{(p)}$ 的定义简单明了,并且可扩展至测量由协变量导致的偏态变化(见第 5 章)。

表 2.1　分位差偏态测量方法

总体比例	对称分布			右偏分布		
	分位数	下端或者上端部分	QSK	分位数	下端或者上端部分	QSK
0.1	100	110	0	130	60	1.7
0.2	150	60	0	150	40	1.3
0.3	180	30	0	165	25	1.0
0.4	200	10	0	175	12	0.3
0.5	210	—		190	—	
0.6	220	10	—	210	20	—
0.7	240	30	—	240	50	—
0.8	270	60	—	280	90	—
0.9	320	110	—	350	160	—

　　到目前为止，我们根据 CDF 定义了分位数，并且发展出了分位差形状测量方法。另一种分位数的替代性定义有助于我们进一步理解分位数回归的估计量（见下一章），我们建议对此感兴趣的读者继续阅读下一部分，而其他读者可跳至小结部分。

第 4 节 │ 分位数作为某些最小化 问题的解决方法

分位数同样可作为某些最小化问题的解决方法。由于下一章将讨论分位数回归估计量的意义,所以我们需要引入新的定义。在这里,我们从中位数(第0.5分位数)开始讨论。

为介绍最小化问题,我们首先考虑大家熟悉的 y 分布的均值 μ。我们通过平方差 $(Y-\mu)^2$ 可以测量 Y 的某一数据点与均值 μ 的距离,然后通过期望平方差 $E[(Y-\mu)^2]$ 计算 Y 与均值 μ 的平均距离。

定义分布中心的一种方法是寻找 μ 值从而使得 Y 的均方差(average squared deviation)最小化。因此,我们有:

$$
\begin{aligned}
E[(Y-\mu)^2] &= E[Y^2] - 2E[Y]\mu + \mu^2 \\
&= (\mu - E[Y])^2 + (E[Y]^2 - (E[Y])^2) \\
&= (\mu - E[Y])^2 + \mathrm{Var}(Y) \qquad [2.3]
\end{aligned}
$$

因为第二项 $\mathrm{Var}(Y)$ 是固定的,我们可通过最小化第一项 $(\mu - E[Y])^2$ 从而最小化方程2.3。当 $\mu = E[Y]$ 时,可使第一项等于 0,同时最小化方程 2.3,除此之外 μ 的其他值都将使第一项为正值而使方程 2.3 偏离最小值。

相似的,样本大小为 n 的样本均值同样可作为最小化问题的解决方法。我们寻找最小化平方均差 $\frac{1}{n} \sum_{i=1}^{n} (y_i - \mu)^2$ 的 μ 值：

$$\frac{1}{n} \sum_{i=1}^{n} (y_i - \mu)^2 = \frac{1}{n} \sum_{i=1}^{n} (\mu - \bar{y})^2 + \frac{1}{n} \sum_{i=1}^{n} (y_i - \bar{y})^2$$

$$= (\mu - \bar{y})^2 + s_y^2 \qquad [2.4]$$

这里，$\bar{y}$ 表示样本均值，s_y^2 表示样本方差。解决最小化问题就是使第一项尽可能小，那就是使 $\mu = \bar{y}$。

具体而言，我们考虑包括下列 9 个值的样本：0.23，0.87，1.36，1.49，1.89，2.69，3.10，3.82 和 5.25。样本数据点与特定 μ 值的均值平方差的描绘图如图 2.7a 所示。注意最小化函数的数值点位于平滑抛物线中间凸起的部分。

而中位数 m 也具有相似的最小化性质。相对于使用平方距离，我们可根据绝对距离 $|Y-m|$ 测量 Y 与 m 的距离，并且根据平均绝对距离(mean absolute distance) $E|Y-m|$ 计算总体中 Y 与 m 的平均距离。同样在最小化 $E|Y-m|$ 的情况下，我们得到值 m。我们知道，$|Y-m|$ 函数也是中部凸起的，因此，寻找某特定值，使得与 m 相关的导数等于 0 或者两个方向导数(directional derivatives)的正负符号不一致，这样 $|Y-m|$ 函数便实现了最小化。这个答案便是分布的中位数(详细证明见附录 1)。

下面，我们讨论具体例子。我们将 m 至样本点的平均绝对距离定义为 $\frac{1}{n} \sum_{i=1}^{n} |y_i - m|$。对于上面提到的包括 9 个样本点的样本，它的平均绝对距离函数如图 2.7b 所示。对比于图 2.7a 所展示的函数图(均方差)，图 2.7b 的函数在外

观上同样是中部凸起的抛物线。然而，图 2.7b 的函数并不是平滑的曲线，而是每个样本点上的切线斜率有明显变化的分段直线。图中函数的最小值与样本中位数 1.89 一致。这是

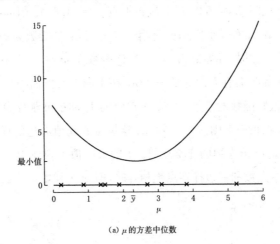

(a) μ 的方差中位数

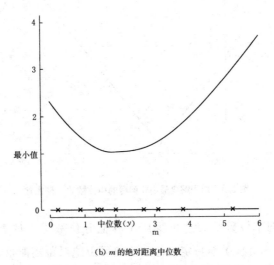

(b) m 的绝对距离中位数

图 2.7 平均数和中位数作为最小化问题的解决方案

众多现象中的特殊例子。对于任何样本，由 $f(m) = \dfrac{1}{n} \sum\limits_{i=1}^{n}$ $|y_i - m|$ 定义的函数是"V"形函数 $f_i(m) = |y_i - m|/n$ 的总和（见图 2.8，函数 f_i 对应数据点 $y_i = 1.49$）。当 $m = y_i$ 时，函数 f_i 有最小值 0；并且当 $m < y_i$ 时，它的导数为 $-1/n$；当 $m > y_i$ 时，其导数为 $1/n$。当该函数在 $m = y_i$ 上不可微时，在负向上有方向导数 $-1/n$，在正向上有方向导数 $1/n$。作为这些函数的总和，f 对 m 在负向上的方向导数为 $(r - s)/n$，在正向上则为 $(s - r)/n$；这里 s 是 m 值右边的样本点数，r 是 m 值左边的样本点数。f 的最小值出现在当 m 的右边样本点数和左边样本点数相等时，即 m 为样本中位数。

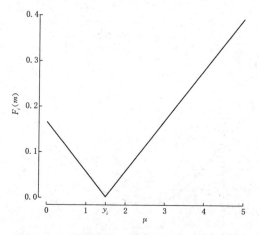

图 2.8　用于解决最小化问题的中位数的 V 形函数

对中位数的表述可推广至其他分位数上。对于任何 $p \in (0, 1)$，Y 至特定 q 值的距离可由绝对距离测量，但根据 Y 是位于 q 的左边还是右边，我们赋予不同的权重。因此，我们将 Y 至特定 q 值的距离定义为：

$$d_q(Y, q) = \begin{cases} (1-p) \mid Y-q \mid & Y < q \\ p \mid Y-q \mid & Y \geqslant q \end{cases} \qquad [2.5]$$

我们寻找使 Y 的均值距离最小化的值 $q:E[d_p(Y, q)]$。当 q 是第 p 分位数时便达到最小值(见附录 1)。

同样的,第 p 样本分位数正是使平均(加权)距离最小化的 q 值。

$$\frac{1}{n} \sum_{i=1}^{n} d_p(y_i, q) = \frac{1-p}{n} \sum_{y_i < q} \mid y_i-q \mid + \frac{p}{n} \sum_{y_i > q} \mid y_i-q \mid$$

第 5 节 │ 分位数的性质

分位数的一个基本性质是单调同变性(monotone equivariance)。如果我们对一个随机变量进行函数 h 的单调转换(如指数或对数函数),分位数可通过对分位数函数进行同样的转换而得利。换言之,如果 q 是 Y 的第 p 分位数,那么 $h(q)$ 是 $h(Y)$ 的第 p 分位数。同样的情况存在于样本分位数中。例如,对于一个样本数据,由于我们知道第 20 百分位数是 4300,如果我们对数据进行对数转换,转换后的数据中第 20 百分位数就是 $\log(4300) = 8.37$。

样本分位数的另一个基本特性是他们对离群值的不敏感性。这一特性类似于分位数回归的特性,将使分位数和分位差程序(quantile-based procedures)在许多情况中变得实用。假如有中位数为 m 的样本数据 x_1, …, x_n,我们将一个位于中位数之上的数据值 x_i 替换成同样在中位数之上的其他值,从而修改了样本。同样,我们也可以将一个位于中位数之下的数据值替换成同样在中位数之下的其他值。这样的修改对样本中位数[1]没有任何影响。任意第 p 样本分位数同样拥有相似的特性。

我们将这种情形与样本均值进行比较:将样本值 x_i 改为其他值 $x_i + \Delta$,将使样本均值变化 Δ/n。这样,个别数据点对样本分位数的影响是有限的,但对样本均值的影响则并非如此。

第 6 节 | 小结

　　本章介绍了分位数和分位数回归等概念。我们通过分布函数定义分位数和分位数函数，并发展出测量分布位置和形状的分位差测量方法；还通过与传统分布矩（conventional distribution moments）相比较，强调了它们的实用性。另外，为了让读者更加了解分位数回归的估计量，我们将分位数重新定义为最小化问题的解决方法。有了以上准备，我们进入下一章讨论分位数回归模型及其估计量。

第 **3** 章

分位数回归模型及其估计量

第 2 章讨论的分位数函数足以用来描述和比较单变量的分布情况。然而，当需要对一个因变量与一组自变量的关系进行建模时，我们必须在分位数函数的基础上引入回归，即分位数回归模型（QRM）。对于一组协变量，线性回归模型（LRM）代表条件均值函数，而 QRM 代表条件分位数函数。以 LRM 为参照标准，本章介绍 QRM 及其估计量，比较 LRM 和 QRM 的基本模型设置，LRM 的最小二乘估计和 QRM 的类似估计方法，还有两类模型的其他特性。下面，我们将通过分析家庭收入[2]的实证例子来阐明本章的基本观点。

第 1 节 │ 线性回归模型及其局限性

在社会科学研究中,LRM 是广泛使用的标准统计模型,但它只关注因变量的条件均值,而没有充分考虑因变量条件分布的完整特征。相比之下,QRM 有助于我们分析因变量条件分布的完整特征。在某些方面,QRM 和 LRM 是相似的,两种模型都可处理具有线性未知参数的连续型因变量,但 QRM 和 LRM 对不同的量进行建模,并且依赖于对误差项的不同假设。为了更好地理解这些相似点和不同点,我们首先讨论 LRM,然后再介绍 QRM。为了解释方便,我们集中讨论单一协变量的例子。当扩展至多个协变量时,虽然会增加额外的复杂性,但其思想在本质上是相同的。

假设 y 为依赖于 x 的一个连续型因变量。在我们的实证例子中,家庭收入是因变量。对于 x,我们用定距变量 ED(户主的受教育年限)表示,或者用虚拟变量 $BLACK$(户主的种族,黑人为 1,白人为 0)代替。在微观单位(在本例中是家庭户)的样本中,数据是以 (x_i, y_i) 的形式成对出现的,其中 $i = 1, \cdots, n$。

通过 LRM,标准线性回归模型可表示为:

$$y_i = \beta_0 + \beta_1 x_i + \varepsilon_i \qquad [3.1]$$

在这里,ε_i 服从均值为 0、方差 σ^2 未知的正态独立同分布。ε_i 的均值假设为 0 的结果是,我们可看到拟合数据的函数 $\beta_0 +$ $\beta_1 x$ 与 x 取特定值时的 y 的条件均值(表示为 $E[y|x]$)相对应,这可被理解为与协变量 x 特定值相对应的总体 y 值的平均数。

例如,当我们以受教育年限为协变量,进而拟合线性回归方程 3.1 时,我们得到预测方程 $\hat{y} = -23127 + 5633ED$,因此将选定的受教育年限代入方程中,将得到以下有关收入的条件均值。

ED	9	12	16
$E[y|ED]$	27570 美元	44469 美元	67001 美元

假设这是一个完美的拟合,我们便可以将这些数值理解为拥有特定受教育年限的个人所获得的平均收入。例如,受过 9 年教育的个人的平均收入为27570 美元。

相似的,当协变量为 $BLACK$ 时,这一拟合回归方程为 $\hat{y} = 53466 - 18268BLACK$,当代入协变量的数值时,我们得到以下数值。

BLACK	0	1
$E[y|BLACK]$	53466 美元	35198 美元

假设上述拟合模型确实反映了总体真实情况,我们可将这些值当做子总体的平均值,例如白人家庭的平均收入为 53466 美元,而黑人家庭则为 35198 美元。

因此,我们得知了线性回归模型的一个基本原则,那就是它通过利用分布的均值来表示其集中趋势,从而尝试描述

条件分布的位置的变化情况。LRM 的另一个基本特征是要求满足方差齐性假设；即假设条件方差 $\mathrm{Var}(y|x)$ 对于协变量的所有取值都等于常数 σ^2。当方差齐性假设不满足时，可以通过同时对条件均值和条件尺度进行建模而调整 LRM。例如，我们可以调整方程 3.1 从而对条件尺度进行建模：$y_i = \beta_0 + \beta_1 x_i + e^\gamma \epsilon_i$，这里 γ 是另一个未知的参数，我们可写成 $\mathrm{Var}(y|x) = \sigma^2 e^\gamma$。

因此，对 LRM 的运用，反映了协变量与因变量关系的某些特征，并可用于完成模型化尺度变化的任务，而尺度变化被认为是条件分布最重要的形状改变。然而，对条件尺度的估计并不总是可以通过统计软件轻易获得。另外，线性回归模型对建模者设有明显的限制，并且，使用 LRM 来模型化更加复杂的条件形状变化，是很具挑战性的。

为了描述采用 LRM 难以模型化的形状变化类型，读者可想象一些极端情况。对于大家感兴趣的一些总体，我们有一个因变量 y 和协变量 x，它们的特征是在 $x = 1, 2, 3$ 时，y 的条件分布拥有图 3.1 所示的概率密度。该图上的三种概率密度函数拥有相同的均值和标准差。由于因变量 y 的条件均值和尺度并不随着 x 而变化，所以通过对这些总体中的样本拟合一个线性回归模型，并不能提供有用的信息。为了理解协变量是如何影响因变量的，我们需要一个新的工具。分位数回归便是完成这一任务的恰当方法。

LRM 的第三个显著特征是它的正态性假设。因为 LRM 确保传统的最小二乘法可以最好地拟合数据，如果不做正态性假设，我们也可以通过 LRM 达到纯粹描述的目的。然而，在社会科学研究中，LRM 主要用来检验解释变量是否

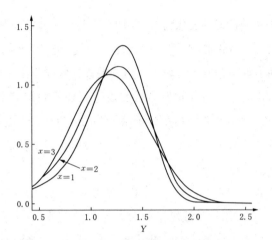

图 3.1　平均数和标准差相同但偏斜不同的条件分布

对因变量具有显著影响。假设检验需要超越参数估计,并且要求确定估计量的抽样偏差。p 值的计算依赖于正态性假设或者大样本近似值。如果违反这些条件,那么 p 值可能是有偏的,并且将导致无效的假设检验。

另一个与 LRM 相关的假设,是要求使用的回归模型适用于所有数据,我们称之为单一模型假设(one-model assumption)。LRM 中的离群值(不符合数据大多数情况的值)将对拟合的回归直线产生不良的影响。通常的做法是在LRM 中确定并去除这些离群值。但离群值的意义及去除离群值的操作会破坏许多社会科学研究的结论,尤其是关于社会分层和不平等的研究,在这里,离群值和它们相对于多数数据值的位置是研究的重点。在建模方面,我们可能需要同时模型化大多数个案的关系和模型化离群值的关系,这一任务是 LRM 不可能完成的。

我们将用家庭收入数据举例说明以上提到的所有特性:

以分布的观点看到的条件均值的局限，对方差齐性假设、正态性假设及单一模型假设的违反。图 3.2 展示了不同教育和种族群体的收入分布。收入的位置在三类不同教育群体之中和黑人与白人之间的变化是明显的，并且它们的形状也存在重要差异。因此，LRM 的条件均值无法表述由于协变量

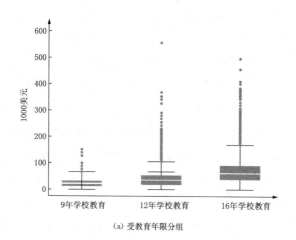

(a) 受教育年限分组

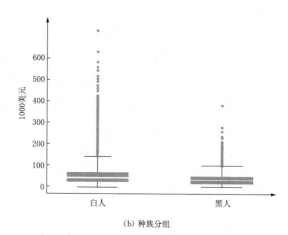

(b) 种族分组

图 3.2　家庭收入图示

(教育或种族)的改变而导致的形状变化。另外,由于不同教育群体和两大种族的收入分布存在实质性差别,方差齐性假设便无法满足,而且也无法准确地估计标准误。图 3.2 中的箱线图都是右偏的。条件均值和条件尺度模型不可能检测这些类型的形状变化。

通过检验残差图,我们可以识别 7 个离群值,包括受教育年限为 18 而收入超过 505215 美元的 3 个个案,还有受教育年限为 20 而收入超过 471572 美元的 4 个个案。当在教育—收入模型中增加代表这些离群值阶层身份的虚拟变量时,我们发现这些个案使得截距额外增加了 483544 美元。

这些结果表明,LRM 方法的不足是由多方面的原因造成的,其中包括异方差性与离群值假设和对多种形状变化形式的检测失败。这些不足不仅出现在关于家庭收入的研究中,并且当采用其他测量方法时也会存在。因此,我们需要一个替代性的方法,用来处理异方差性和离群值,并检测形状变化的多种形式。

正如上面提到的,条件均值无法识别形状变化。条件均值模型并不总是可以正确地模型化中心位置的变化,尤其是当因变量的分布不对称时。对于一个对称的分布,均值和中位数是一致的,但偏态分布的均值和中位数(第 0.5 分位数)则是不一致的。表 3.1 描述了家庭收入分布的一组简单统计数字。分布的右偏态性使得均值远大于中位数,不论是在整个样本中还是教育或种族的子样本中(见表 3.1 的首两行)。当分布的均值和中位数不一致时,中位数可以更加准确地表示分布的集中趋势。当我们检验中位数而不是均值时,三类不同教育群体和黑人与白人之间的收入位置的变化幅度会小很多。这一差异增加了我们使用条件均值方法模型化非对称分布的位置变化时的忧虑。

表 3.1　家庭收入分布(总体、教育组和种族组)

	总体	$ED = 9$	$ED = 12$	$ED = 16$	*WHITE*	*BLACK*
均值	50334	27841	40233	71833	53466	35198
分位数						
中位数						
(第 0.5 分位数)	39165	22146	32803	60545	41997	26763
第 0.1 分位数	11022	8001	10510	21654	12486	6837
第 0.25 分位数	20940	12329	18730	36802	23198	13412
第 0.75 分位数	65793	36850	53075	90448	69680	47798
第 0.9 分位数	98313	54370	77506	130981	102981	73030
分位差尺度(QBC)						
$(Q_{0.75} - Q_{0.25})$	44853	24521	34344	53646	46482	34386
$(Q_{0.9} - Q_{0.1})$	87291	46369	66996	109327	90495	66193
分位差偏态(QBS)						
$\dfrac{(Q_{0.75} - Q_{0.5})}{(Q_{0.5} - Q_{0.25})} - 1$	0.46	0.50	0.44	0.26	0.47	0.58
$\dfrac{(Q_{0.9} - Q_{0.5})}{(Q_{0.5} - Q_{0.1})} - 1$	1.10	1.28	1.01	0.81	1.07	1.32

第 2 节 ｜ 条件中位数和分位数
回归模型

　　对于一个偏态分布,采用中位数测量集中趋势是更适合的,因此,条件中位数回归(conditional median regression)而不是条件均值回归,应该被考虑用做模型化位置的变化。条件中位数回归模型在 18 世纪中期由博斯科维克首次提出,随后由拉普拉斯(Laplace)和埃奇沃斯(Edgeworth)加以研究。中位数回归模型弥补了 LRM 条件均值估计的不足。中位数回归估计的是协变量对条件中位数的影响效应,所以即使分布是偏态的,它也可以代表分布的中心位置。

　　为了模型化位置变化和形状变化,凯恩克和巴西特(1978)提出了比中位数回归模型更为一般化的模型——分位数回归模型(QRM)。QRM 估计了协变量潜在的微小变化对条件分布中各种不同的分位数的影响,例如,从第 0.05 分位数到第 0.95 分位数之间的 19 个等距分位数。通过中位数和非中位数的分位数,这 19 条拟合的回归线可以捕捉位置的变化(中位数的回归线),还有尺度和更复杂的形状变化(非中位数的回归线)。因此,QRM 可以估计协变量对整个分布的微小影响,并且顾及到了异方差性。

　　根据凯恩克和巴西特的设定,与方程 3.1 中的 LRM 相

对应的 QRM 可表示为:

$$y_i = \beta_0^{(p)} + \beta_1^{(p)} x_i + \varepsilon_i^{(p)} \qquad [3.2]$$

在这里,$0 < p < 1$ 表示数值小于第 p 分位数的比例。回到 LRM,特定 x_i 值下的 y_i 的条件均值为 $E[y_i \mid x_i] = \beta_0 + \beta_1 x_i$,并且误差项 ε_i 的期望值为 0。而与之对应的 QRM,在特定 x_i 值下的第 p 条件分位数为 $Q^{(p)}(y_i \mid x_i) = \beta_0^{(p)} + \beta_1^{(p)} x_i$。这样,第 p 条件分位数是由特定分位数下的参数 $\beta_0^{(p)} + \beta_1^{(p)}$ 和协变量 x_i 的特定值决定的。正如 LRM,在关于误差项 ε_i 的假定下,QRM 同样可被公式化。由于 $\beta_0^{(p)} + \beta_1^{(p)} x_i$ 是固定的,因此,如果要使 $Q^{(p)}(y_i \mid x_i) = \beta_0^{(p)} + \beta_1^{(p)} x_i + Q^{(p)}(\varepsilon_i) = \beta_0^{(p)} + \beta_1^{(p)} x_i$,则要求误差项的第 p 分位数等于 0。

需要重点留意的是,对于分位数 p 的不同值而言,特定 i 下的误差项 $\varepsilon_i^{(p)}$ 是彼此相关的。事实上,用 q 代替 p 后,方程 3.2 变成 $y_i = \beta_0^{(q)} + \beta_1^{(q)} x_i + \varepsilon_i^{(q)}$,从而有 $\varepsilon_i^{(p)} - \varepsilon_i^{(q)} = (\beta_0^{(q)} - \beta_0^{(p)}) + x_i(\beta_1^{(q)} - \beta_1^{(p)})$,所以这两个误差项在特定 x_i 下相差一个常数。换言之,$\varepsilon_i^{(p)}$ 的分布和 $\varepsilon_i^{(q)}$ 的分布只是彼此的一种位移(分布形状不变)。另一个需要考虑的关于 QRM 的重要的特殊情况是,当 $i = 1, \cdots, n$ 时,$\varepsilon_i^{(p)}$ 服从独立同分布;我们将此视为 i.i.d 情况。在这一情形下,$\varepsilon_i^{(p)}$ 的第 q 分位数是依赖于 p 和 q 而不是 i 的常数 $C_{p, q}$。利用方程 3.2,我们可将第 q 条件分位数方程写成 $Q^{(q)}(y_i \mid x_i) = Q^{(p)}(y_i \mid x_i) + C_{p, q}$。[3] 所以我们的结论是,在 i.i.d 情况下,当斜率 $\beta_1^{(p)}$ 换成一般值 β_1 时,条件分位数方程只是彼此的一种简单的位移情况。换言之,i.i.d 假设指的是因变量的分布不存在形状变化。

方程 3.1 中的 LRM 只有一个由一条方程式表示的条件

均值，与之不同的是，方程 3.2 表明 QRM 拥有多个条件分位数。这样，多个方程可以以方程 3.2[4] 的形式表示。例如，如果 QRM 指定 19 个分位数，这 19 个方程会产生关于 x_i 的 19 组系数，分别表示 19 个条件分位数（$\beta_1^{(0.05)}$，$\beta_1^{(0.10)}$，…，$\beta_1^{(0.95)}$）。这些分位数并不要求一定是等距的，但在实践中，将它们设为等距的会便于解释。

在我们的例子中，拟合方程 3.2 将产生在已知教育或种族情况下的收入的 19 个条件分位数的估计值（见表 3.2 和表 3.3）。教育的系数从第 0.05 分位数的 1019 美元单调递增至第 0.95 分位数的 8385 美元。相似的，在低端分位数中的黑人种族效应小于在高端分位数的情况。

12 年受教育年限的条件分位数是：

p	0.05	0.50	0.95
$E(y_i \mid ED_i = 12)$	7976 美元	36727 美元	111268 美元

黑人种族的条件分位数是：

p	0.05	0.50	0.95
$E(y_i \mid BLACK_i = 1)$	5432 美元	26764 美元	91761 美元

这些结果与 LRM 条件均值的结果十分不同。条件分位数描述了一种条件分布，被用以概括位置和形状的变化。对 QRM 估计值的解释是第 5 章和第 6 章的话题。

图 3.3 描述了从总样本抽取的大小为 1000 户家庭的随机样本情况，左图描述了基于户主受教育年限的家庭收入的散点图和 LRM 的拟合直线。这单一的回归直线描述了均值的变化，例如，从 12 年受教育年限的均值 22532 美元转换为

表 3.2　教育—家庭收入对教育的分位数回归估计值

	(1)	(2)	(3)	(4)	(5)	(6)	(7)	(8)	(9)	(10)
ED	1109	1617	2023	2434	2750	3107	3397	3657	3948	4208
	(28)	(31)	(40)	(39)	(44)	(51)	(57)	(64)	(66)	(72)
常数	-4252	-7648	-9170	-11160	-12056	-13308	-13783	-13726	-14026	-13769
	(380)	(424)	(547)	(527)	(593)	(693)	(764)	(866)	(884)	(969)

	(11)	(12)	(13)	(14)	(15)	(16)	(17)	(18)	(19)
ED	4418	4676	4905	5214	5557	5870	6373	6885	8385
	(81)	(92)	(88)	(102)	(127)	(138)	(195)	(274)	(463)
常数	-12546	-11557	-9914	-8760	-7371	-4227	-1748	4755	10648
	(1084)	(1226)	(1169)	(1358)	(1690)	(1828)	(2582)	(3619)	(6101)

注:括号内为标准误。

表 3.3　种族—家庭收入对种族的分位数回归估计值

	(1)	(2)	(3)	(4)	(5)	(6)	(7)	(8)	(9)	(10)
BLACK	-3124	-5649	-7376	-8848	-9767	-11232	-12344	-13349	-14655	-15233
	(304)	(306)	(421)	(485)	(584)	(536)	(609)	(708)	(781)	(765)
常数	8556	12486	16088	19718	23198	26832	30354	34024	38047	41997
	(115)	(116)	(159)	(183)	(220)	(202)	(230)	(268)	(295)	(289)

	(11)	(12)	(13)	(14)	(15)	(16)	(17)	(18)	(19)
BLACK	-16459	-17417	-19053	-20314	-21879	-22914	-26063	-29951	-40639
	(847)	(887)	(1050)	(1038)	(1191)	(1221)	(1435)	(1993)	(3573)
常数	46635	51515	56613	62738	69680	77870	87996	102981	132400
	(320)	(335)	(397)	(392)	(450)	(461)	(542)	(753)	(1350)

注:括号内为标准误。

16年受教育年限的均值[5633×(16−12)]。但是,这条回归直线无法捕捉形状的变化。

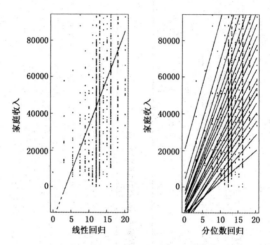

图 3.3　教育对家庭收入的条件平均数和条件分位数的影响
(1000 个随机家庭样本)

　　图 3.3 中的右图呈现了与左图一样的散点分布和 19 条分位数回归线。50％分位数(中位数)的拟合线描述中心位置的变化,说明教育和条件中位数收入的正向关系。这一回归线的斜率为 4208 美元。当受教育年限从 12 增加至 16 时,收入增加的幅度达 16832[4208×(16−12)]美元。这一变化小于 LRM 中的均值变化。

　　除了位置变化的估计外,其他 18 条分位数回归线提供了关于形状变化的信息。这些回归线都是正向的,但有着不同的斜率。这些回归线在低教育水平处密集(如 0—5 年的受教育年限),但在高教育水平处(如 16—20 年的受教育年限),彼此的偏差越来越宽。通过低教育水平处的斜线密集和高教育水平处的斜线分散情况,可以描述形状的变化。例如,受教育年限为 16 的条件收入(第 0.05 条件分位数上的 12052 美元变为第 0.95 条件分位数上的 144808 美元)的变化幅度大于受教育年限为 12 的变化幅度(第 0.05 条件分位数上的 7976 美元变为第 0.95 条件分位数上的 111268 美元)。因此,非中位数条件分位数将位置变化从形状变化中分离出来。这一特征在确定协变量对因变量条件分布的位置变化和形状变化的影响效应上是至关重要的。这一话题将在第 5 章和对 QRM 结果的解释一起讨论。

第 3 节 ▏**分位数回归估计**

我们通过回顾最小二乘估计而将分位数回归(QR)估计放在熟悉的情境中讨论。最小二乘估计通过计算最小化残差的参数值,从而实现 $\hat{\beta}_0$ 和 $\hat{\beta}_1$ 的参数估计:

$$\min \sum_i \left[y_i - (\beta_0 + \beta_1 x_i) \right]^2 \qquad [3.3]$$

如果 LRM 假设是正确的,当样本容量趋向无穷时,这一拟合的响应函数 $\hat{\beta}_0 + \hat{\beta}_1$ 将接近总体的条件均值 $E(y \mid x)$。在方程 3.3 中,最小化的部分是数据点 (x_i, y_i) 到拟合直线 $y = \hat{\beta}_0 + \hat{\beta}_1 x$ 的垂直距离的平方总和。

一个类似的最小化方法可通过如下步骤实现:(1)分别对方程 3.3 在 β_0 和 β_1 处求偏导数;(2)设定每个偏导数都等于 0;(3)求解这个二元方程组。这样我们得到两个估计量:

$$\hat{\beta}_1 = \frac{\sum_i^n (x_i - \bar{x})(y_i - \bar{y})}{\sum_i^n (x_i - \bar{x})^2}, \quad \hat{\beta}_0 = \bar{y} - \hat{\beta}_1 \bar{x}$$

与 LR 估计量明显不同的 QR 估计量的特点在于,在 QR 中,数据点到回归线距离的测量通过垂直距离的加权总和(没有平方)而求得,这里赋予拟合线之下的数据点的权重是 $1-p$,而赋予拟合线之上的数据点的权重则是 p。对于 p 的每一个选择,如 $p = 0.10$, 0.25, 0.50,都会产生各自不同的条件分位数的拟合函数。这一任务是为每一个可能的寻找适合的估计量。读者需要留意第 2 章中讨论过的,分布的均值可被看做最小化总体平均平方距离的值,而分位数 q 可被看做最小化平均加权距离的值——根据数据点在 q 值之上还是之下而进行加权。

具体而言,我们首先考虑中位数回归的估计量。在第 2 章中,我们解释了为何 y 的中位数 m 可被视为 $E|y-m|$ 的最小化值。与中位数回归例子相似的对策是,我们选择最小化绝对残差总和。换言之,我们需要找到那个最小化绝对残差总和(观察值与拟合值之间的绝对距离)的系数。最小化方程 3.4 可得到估计量 βs:

$$\sum_i |y_i - \beta_0 - \beta_1 x_i| \qquad [3.4]$$

在适当的模型假设下,当样本大小趋于无限时,我们得到因变量 y 基于 x 在总体水平上的条件中位数。

当方程 3.4 实现最小化时,我们得到一条中位数回归线(median-regression line),这一直线穿越一对数据点,使得剩下数据的一半位于回归线上方,另一半则在下方。也就是:大概一半的残差是正的,另一半为负的。但是存在多条具有这种性质的回归线,只有通过最小化方程 3.4 才可得到中位数回归线。

算法细节

在这一部分,我们将讲解方程 3.4 的结构如何帮助我们

寻找实现最小化的算法。对此不感兴趣的读者可跳过本
部分。

图 3.4 中的左图展示了 8 组假设的数据 (x_i, y_i) 和 28
条 $\{[8(8-1)/2] = 28\}$ 连结每一对数据点的直线。其中的
虚线是拟合的中位数回归直线,即通过最小化所有数据的绝
对垂直距离总和而得到的直线。由此观察到,存在 6 对数据
点没有落在中位数回归线上,一半数据点在回归线的下方而
另一半则位于其上方。经过平面 (x, y) 的每一个直线可表
示截距—斜率为 (β_0, β_1) 的形式 $y = \beta_0 + \beta_1 x$,因此在平面 (x, y) 上的直线和在平面 (β_0, β_1) 的点是相对应的。图 3.4 中的
右图是 (β_0, β_1) 的平面图,图中包括左图每条直线所对应的
点。特别需要指出的是,中间的实心圆代表左图中的中位数
回归线。

此外,如果截距和斜率为 (β_0, β_1) 的直线经过一个特定
的点 (x_i, y_i),那么 $y_i = \beta_0 + \beta_1 x_i$,因此点 (β_0, β_1) 落在直线
$\beta_1 = (y_i/x_i) - (1/x_i)\beta_0$ 上。这样,我们在平面 (x, y) 上的点
和在平面 (β_0, β_1) 的直线之间建立了对应关系,反之亦然,这
一现象被称为点—线二元性(point/line duality)(Edgeworth,
1888)。

图 3.4 中的右图上的 8 条直线对应于左图上的 8 个数据
点。这些直线将平面 (β_0, β_1) 分割为一个多边形区域。这种
区域的例子如图 3.4 阴影部分所示。在任何一个区域中,那
些数据点对应于平面 (x, y) 上的直线族,所有这些直线都以
同样的方式将数据分为两个部分(即在一条直线上的数据点
等同于另一条直线上的数据点)。因此,在方程 3.4 中我们
设法最小化的 (β_0, β_1) 函数在每一个区域中都是线性的,所

以这一函数随着一个形成多面体曲面（polyhedral surface）的图像而凸起，正如图 3.5 从两个不同角度为我们的例子所做的展示一样。

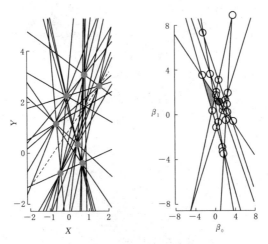

图 3.4　点线两重性的图示

　　这一多面体曲面的顶点、边和面分别投射出点、线段和区域，如图 3.4 中的右图展示的 (β_0, β_1) 平面。利用点线二元性的对应性，每一个顶点对应于连结数据对的一条直线。曲面上连结两个顶点的边则对应于一对这样的直线，在这里，定义第一条直线的其中一个数据点被另一个数据点代替，并且其他的数据点保持与两条直线的相对位置不变（上面或者下面）。

　　最小化方程 3.4 中绝对距离总和的计算方法，这种获得中位数回归系数（$\hat{\beta}_0$，$\hat{\beta}_1$）的方法，可以建立在解决线性规划的外点算法（exterior-point algorithms）上。从对应于一个顶点的任意点 (β_0, β_1) 开始，沿着多面体曲面的边从顶点到顶点反复移动,最后选择在每个顶点处最倾斜的那条路径,直到实现最小化。

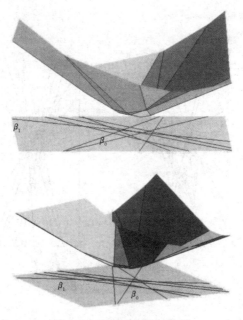

图 3.5　多面体表面及其投射

利用在之前段落中描述过的对应性特征,我们反复从由数据对确定的一条直线移动到另一条直线,在每一个步骤中确定当前的两个数据点到底是哪一个使得方程 3.4 达到最小值,这个数据点就被挑选出来。绝对误差总和的最小值是在低于曲面最低点的(β_0, β_1)平面上的点获得的。一个涉及在点 β_1 上的方向导数(类似于第 2 章提到的,中位数是解决最小化问题的数值)的小小争议可得出一个结论,即中位数回归线之上的数据点的数目等于回归线之下的数目。

中位数回归估计量可一般化为第 p 分位数回归的估计量(Koenker & d'Orey, 1987)。回想第 2 章中的讨论,单变

量样本 y_1，…，y_n 分布的第 p 分位数就等于使得样本数据中加权距离的总和最小化的 q 值，这里在 q 值之下的数据点的权重为 $1-p$，而在 q 值之上的数据点的权重为 p。在类似的情况下，我们将第 p 分位数回归估计量 $\hat{\beta}_0^{(p)}$ 和 $\hat{\beta}_1^{(p)}$ 定义为可最小化拟合值 $\hat{y}_i = \hat{\beta}_0^{(p)} + \hat{\beta}_1^{(p)} x_i$ 与值 y_i 之间的加权距离总和的数值，这里，如果拟合值低估了观察值 y_i，则使用权重 $1-p$，在其他情况下则用权重 p。换言之，我们设法最小化残差 $y_i - \hat{y}_i$ 的总和，正向残差的权重为 p 而负向残差的权重为 $1-p$。从形式上，第 p 分位数回归估计量 $\hat{\beta}_0^{(p)}$ 和 $\hat{\beta}_1^{(p)}$ 被用做最小化：

$$\sum_{i=1}^{n} d_p(y_i, \hat{y}_1) = p \sum_{y_i \geqslant \beta_0^{(p)} + \beta_1^{(p)} x_i} | y_i - \beta_0^{(p)} - \beta_1^{(p)} x_i |$$
$$+ (1-p) \sum_{y_i < \beta_0^{(p)} + \beta_1^{(p)} x_i} | y_i - \beta_0^{(p)} - \beta_1^{(p)} x_i |$$

$$[3.5]$$

这里 d_p 是第 2 章中介绍过的距离。因此，这一方程不同于方程 3.4，在方程 3.4 中正残差和负残差被赋予同等的重要性，而方程 3.5 给正残差和负残差赋予不同的权重。从方程 3.5 可观察，第一项的值等于位于回归线 $y_i = \beta_0^{(p)} + \beta_1^{(p)} x_i$ 上方的数据点到该线的垂直距离的总和；同样，第二项则是回归线下方所有数据点的距离总和。

请注意：与常见的误解不同，每一个分位数回归的系数估计量是基于整体样本的加权数据计算的，而非基于这一分位数的部分样本。计算分位数回归系数 $\hat{\beta}_0^{(p)}$ 和 $\hat{\beta}_1^{(p)}$ 的方法，可依据类似勾勒中位数回归系数的直线而发展出来。第 p 分位数估计量拥有和中位数回归估计量相似的特性：位于拟

合线 $y_i = \hat{\beta}_0^{(p)} + \hat{\beta}_1^{(p)} x_i$ 之下的数据比例为 p，而位于上方的比例则为 $1 - p$。

例如，当我们估计第 0.1 分位数回归线的系数时，位于回归线下方的观察值的权重为 0.9，而上方的观察值的权重为 0.1。结果，位于拟合线上方的 90% 数据点 (x_i, y_i) 导致了正残差，而拟合线下方的 10% 数据点拥有负残差。相反的，为了估计第 0.9 分位数回归的系数，赋予回归线下方的数据 0.1 的权重，其余则为 0.9 的权重；因此，90% 观察值拥有负残差而剩下的 10% 观察值拥有正残差。

第 4 节 ｜ **转化与同变性**

当分析一个因变量时,研究者常常为了解释的方便或者获得更好的模型拟合而变换尺度。模型和估计值的同变性表明,如果数据被转化了,模型和估计值也会经历同样的转化。当我们转化因变量后,同变性的知识有助于我们重新解释拟合模型。

对于因变量的任何线性转化,即在 y 的基础上加上一个常数或者乘以一个常数,LRM 的条件均值同样得到精确转化。这一陈述的核心在于,对于任意常数 a 和 c,我们有:

$$E(c + ay \mid x) = c + aE(y \mid x) \qquad [3.6]$$

例如,如果总体中每户家庭从政府那里获得 500 美元,总体的条件均值将同样增加 500 美元(新的截距将增加 500)。如果收入的单位从 1 美元转化为 1000 美元,单位为 1 美元的条件均值同样将增加到 1000 倍(截距和斜率将同时乘以 1000 以改变美元的单位)。相似的,如果工资价格已经由美元单位转化为美分单位,那么将条件均值(截距和斜率)除以 100 将再次转化为美元单位。这一性质称为线性同变性(linear equivariance),因为线性转化对于因变量和条件均值而言是相同的。QRM 具有同样的性质:

$$Q^{(p)}(c+ay \mid x) = c+a(Q^{(p)}[y \mid x]) \qquad [3.7]$$

这里我们假设 a 是一个正向的常数。如果 a 为负，因为顺序相反，所以我们有：

$$Q^{(p)}(c+ay \mid x) = c+a(Q^{(1-p)}[y \mid x])$$

非线性转化是常常出现的情况。对数转化经常被用于处理分布的右偏态问题。为了使分布更加正态化或者获得更好的模型拟合，其他转化方法也会被考虑。

为了模型协变量的相对效应（如百分比变化），对数转化同样被采用。换言之，协变量的效应更多地被看做倍增的而不是递增的。在我们的例子中，教育和种族的影响效应在之前表达为递增的形式（美元单位），并同样可以用倍增的形式测量，如以百分比变化的形式。例如，我们可以提问：当受教育年限增加一年时，条件均值收入的百分比是如何变化的？当受教育年限增加一年时，在对数收入方程（乘以 100）中的教育系数近似于条件均值收入的百分比变化。然而，在 LRM 中，对数收入的条件均值并不等同于条件均值收入的对数。对收入和对数收入的 LRM 进行估计，产生以下两个拟合模型：

$$\hat{y} = -23127 + 5633ED, \ \log \hat{y} = 8.982 + 0.115ED$$

从对数收入模型的结果可知，当教育增加一年时，条件均值收入将增加11.5%。[5]而受教育年限为 10 年时，收入模型中的条件均值为 \$33203，其对数为 8.108。在同等教育水平下，对数收入模型中的条件均值则为 10.062，这一数字大于收入条件均值的对数（8.108）。LRM 的因变量的对数转化允许将 LRM 的估计值解释成百分比变化，但是绝对形式的因变量条件均值不可能从对数化的条件均值中获得：

$$E(\log y \mid x) \neq \log\big[E(y \mid x)\big] \text{ 和 } E\big[y_i \mid x_i\big] \neq e^{E\big[\log y_i \mid x_i\big]}$$

$$[3.8]$$

尤其是，如果我们的目标是为了估计教育的绝对效应，我们需要选择收入模型；但如果是为了估计教育的相对效应，我们则选择对数收入模型。尽管这两个目标彼此关联，但是在任何简单的转化后，两种模型的条件均值并不相关。[6]因此，采用对数收入的结果对收入的分布作出结论将会犯错误（尽管这在实践中普遍存在）。

对数转化是单调转化方法族中的一种，那就是维持顺序不变的转化。正式的，在 $y < y'$ 时，如果 $h(y) < h(y')$，那么转化形式 h 就是单调的。对于数值恒为正的变量而言，在常数 ϕ 为固定的正值时，幂转化 $h(y) = y^{\phi}$ 也是单调的。由于非线性影响，当我们对因变量进行单调转化后，转化后因变量的变化幅度对于不同的 y 值是不一样的。然而方程 3.6 的特性只在线性函数下才正确，对于一般的单调函数则不适用，那就是，$E(h(y) \mid x) \neq h(E(y_i \mid x_i))$。一般而言，"单调同变性"的性质对于条件均值来说是不成立的，所以 LRM 并不具有单调同变性。

相比之下，条件分位数具有单调同变性的特征；那就是对于一个单调函数 h，我们有：

$$Q^{(p)}(h(y) \mid x) = h(Q^{(p)}\big[y \mid x\big])$$

$$[3.9]$$

这一性质直接遵循着第 2 章中提到的单变量分位数的单调同变性特征。尤其是，对数 y 的条件分位数就是 y 的条件分位数的对数：

$$Q^{(p)}(\log(y) \mid x) = \log(Q^{(p)}[y \mid x]) \qquad [3.10]$$

同样，

$$Q^{(p)}(y \mid x) = e^{Q^{(p)}[\log(y) \mid x]} \qquad [3.11]$$

因此,我们可以将非转化变量的拟合分位数回归模型重新解释为转化变量的分位数回归模型。换言之,假设第 p 分位数函数的完美拟合形式为 $Q^{(p)}(y \mid x) = \beta_0 + \beta_1 x$,所以我们就有 $Q^{(p)}(\log y \mid x) = \log(\beta_0 + \beta_1 x)$,因此,我们可以用协变量的绝对效应描述协变量的相对效应,反之亦然。

以条件中位数作为例子:

$$Q^{(0.50)}(y_i \mid ED_i) = -13769 + 4208ED_i,\ Q^{(0.50)}(\log(y_i) \mid ED_i)$$
$$= 8.966 + 0.123ED_i$$

受教育年限为 10 年时的收入条件中位数为 28311 美元。这一条件中位数的对数为 10.251,近似于在同等教育水平下对数收入方程的条件中位数为10.196。相应的,当对数形式转变回初始形式,对数收入方程在受教育年限为 10 时,其条件中位数为 $e^{10.196} = 28481$。

QRM 的单调同变性对于涉及偏态分布的研究而言是至关重要的。如果采用 LRM,原先的分布形状会在对数单位估计值反向转化时被扭曲,但是如果使用 QRM,就可以维持原先的分布。不平等研究中经常使用百分比变化的形式来表达协变量对因变量的影响。因此,单调同变性可以帮助研究者实现两个目标:测量协变量的单位变化而引起的因变量的百分比变化以及测量这一变化对初始单位下的条件分布的位置和形状的影响。

稳健性

　　稳健性指的是：关于数据 y，对离群值的存在和模型假设的违反不敏感的一种性质。离群值被定义为违反 y 中多数值之间关系的一些数值。在 LRM 中，估计值受离群值影响较大。在前文中，我们举例说明了收入分布的离群值是如何扭曲均值和条件均值的。LRM 对离群值的高度敏感性是众所周知的。然而，在实践中，删除离群值不能满足许多社会科学研究，尤其是不平等研究的需要。

　　相比之下，QRM 估计值则不受离群值的影响。[7]它的稳健性由于最小化方程 3.5 中距离函数的性质而得到了增强，并且我们能够说明分位数回归估计值的特性，这类似于第 2 章关于单变量分位数的陈述。如果我们修改位于拟合分位数回归线之上（或之下）的某个数据点所对应的因变量的值，只要这个数据点依然处于回归线之上（或之下），这条拟合回归线将保持不变。换言之，如果我们在不改变残差的正负符号情况下修改因变量的值，这一拟合线将保持不变。在这种情况下，正如单变量分位数一样，离群值的影响是十分有限的。

　　另外，由于估计值的协方差矩阵是在正态假设下计算得到的，所以 LRM 的正态假设对于获取 LRM 的推论统计值是必需的。对于正态假设的违反将产生不准确的标准误。QRM 对分布假设的稳健性，是因为它的估计量更多地依赖于特定分位数附近的分布状态，而非远离分位数的分布情况。QRM 的推论统计值是不受分布情况影响的（这是本书第 4 章讨论的话题）。稳健性在研究高度偏态的分布现象，如收入、财富、教育和健康结果时，是十分重要的。

第 5 节 ｜ 小结

　　本章介绍了分位数回归模型的基本原理,并与线性回归模型进行了比较,包括模型设置、估计方法和估计值的性质等。QRM 延续了第 2 章介绍的样本分位数的许多特性。另外,我们还解释了 LRM 在特定情况下如何不适用于反映协变量对因变量分布的作用。同时,我们强调了 QRM 的一些关键特征,并展示了 QRM 与 LRM 之间众多重要的差异:(1)多元分位数回归对数据的拟合与一元线性回归分别对数据的拟合;(2)最小化残差绝对值的加权总和的分位数估计与最小化平方总和的最小二乘估计;(3)条件分位数对于分布假设的单调同变性和稳健性,而条件均值则缺乏这些特性。通过这些基本原理,我们可以进入关于 QRM 推论的话题。

第 **4** 章

分位数回归的推论

　　第 3 章讨论了参数估计的话题。我们现在转向推论统计部分，尤其是 QRM 的标准误和系数估计值的置信区间。首先，我们综述 LRM 的推论方法，讨论有限样本情况和用于构建置信区间与检验假设的量的渐近分布情况。然后，我们介绍相应的 QRM 的渐近步骤（asymptotic procedure）。接着，我们介绍 QRM 的自举步骤（bootstrap procedure）——用于进行 QRM 系数的推论。因为关于渐近步骤的假设常常不能成立，所以自举步骤是更合适的；而且，即使这些假设得到满足，计算构造尺度和偏态变化的标准误也将十分复杂。自举步骤为获取任意估计值或估计值组合的标准误和置信区间提供了灵活性。本章的最后部分将讨论关于拟合优度和模型诊断的话题。

第 1 节 | LRM 的标准误和置信区间

首先,我们综合回顾一下 LRM 系数的推论过程,在理想的建模假设下,其表达式为 $y_i = \sum_{j=1}^{k} \beta_j x_j^{(i)} + \varepsilon_i$,这里的误差 ε_i 服从均值为 0、方差为常数 σ^2 的正态独立同分布(i. i. d),因此这种分布是可导的。表达式 $x_j^{(i)}$ 表示为第 j 个协变量在第 i 个样本个案上的值。为了更好地进行下面的讲解,可将 $x^{(i)}$——第 i 个个案所对应的协变量值的矢量——看做(列)矢量 k。

误差方差的估计量通常由 $\hat{\sigma}^2 = \mathrm{RSS}/(n-k)$ 表示,在这里,RSS 表示剩余方差,而 k 则是拟合模型中预测变量的个数(包括常数项)。将预测变量值的 $n \times k$ 矩阵表示为 X[因此第 i 列为 $x^{(i)}$,即第 i 个个案所对应的协变量值],回归系数矩阵中的最小二乘估计量 $\hat{\beta}$ 的联合分布是多元正态的,其均值为真实值 β,协方差矩阵为 $\hat{\sigma}^2 (X'X)^{-1}$。因此,一个单独的系数估计量 $\hat{\beta}_j$ 服从正态分布,其均值为真实值 β_j,方差为 $\delta_j \sigma^2$,这里 δ_j 表示矩阵 $(X'X)^{-1}$ 的第 j 个对角线元素(diagonal entry)。这样,我们通过 $\delta_j \hat{\sigma}^2$ 估计方差 $\hat{\beta}_j$。

非常自然的,我们通过对估计量取平方根而估计其标准差,并将之看做 $\hat{\beta}_j$ 的标准误(表示为 $s_{\hat{\beta}}$)。关于误差分布假设的结果是,数量 $(\hat{\beta}_j - \beta_j)/s_{\hat{\beta}}$ 服从自由度为 $n-k$ 的学生 t 分

布。这允许我们建立 β_j 的标准的 $100(1-\alpha)\%$ 置信区间,表示为 $\hat{\beta}_j \pm t_{\alpha/2} s_{\hat{\beta}_j}$,同样允许在 α 水平下通过拒绝虚无假设 H_0: $\beta_j = 0$,如果 $|\hat{\beta}_j / s_{\hat{\beta}_j}| > t_{\alpha/2}$,进而检验第 j 个协变量是否对因变量有显著影响。

而且,这些结果对于大样本同样有效,甚至当我们放宽标准误的正态性假设时。如果是那样的话,数量 $(\hat{\beta}_j - \beta_j)/s_{\hat{\beta}_j}$ 接近于标准正态分布。因此,上面描述的假设检验和置信区间,还可以用 $z_{\alpha/2}$ 替代 t 分布中关键的上 $\alpha/2$ 点,$z_{\alpha/2}$ 表示标准正态分布中关键的上 $\alpha/2$ 点。

表 4.1 展示了线性回归模型的拟合值结果,在这里,收入是两个预测变量(ED 和 $WHITE$)的函数。下面给出了估计系数,并在括号里给出了它们的标准误。例如,对于 ED,它的标准误估计为 98。$WHITE$ 的系数同样拥有一个小的标准误:777。

表 4.1   收入线性回归估计值的渐近标准误

变 量	收 入
ED	6294**
	(98)
$WHITE$	11317**
	(777)
决定系数	0.16

注:** $p < 0.01$。

第 2 节 ｜ QRM 的标准误和置信区间

我们希望对表达式为 $Q^{(p)}(y_i \mid x^{(i)} = \sum_{j=1}^{k} \beta_j^{(p)} x_j^{(i)})$ 的 QRM 的系数 $\beta^{(p)}$ 进行推论。正如第 3 章提到的，与这个模型等同的表达式可写为 $y_i = \sum_{j=1}^{k} \beta_j^{(p)} x_j^{(i)} + \varepsilon_i^{(p)}$，这里，$\varepsilon_i^{(p)}$ 拥有第 p 分位数为 0 的一般分布。正如 LRM 的情况一样，系数 $\beta_j^{(p)}$ 的推论是在计算 $\hat{\beta}_j^{(p)}$ 的标准误 $s_{\hat{\beta}_j^{(p)}}$ 的基础上，以置信区间或者假设检验的形式进行。这个标准误具有一个特性，即数量 $(\hat{\beta}_j^{(p)} - \beta_j^{(p)})/s_{\hat{\beta}_j^{(p)}}$ 接近标准正态分布。

正如第 3 章提到的，QRM 的标准误在 i.i.d 模型中是比较简单和容易描述的。因此，$\hat{\beta}_j^{(p)}$ 的渐近协方差矩阵可以写成：

$$\sum_{\hat{\beta}^{(p)}} = \frac{p(1-p)}{n} \cdot \frac{1}{f_{\varepsilon^{(p)}}(0)^2} (X'X)^{-1} \qquad [4.1]$$

在方程 4.1 中出现的项式 $f_{\varepsilon^{(p)}}(0)$ 代表着从误差分布的第 p 分位数估计得到的误差项 $\varepsilon^{(p)}$ 的概率密度。[8] 正如在 LRM 中，协方差矩阵是矩阵 $(X'X)^{-1}$ 的纯量倍数（scalar multiple）。然而，在 QRM 中，乘数 $\frac{p(1-p)}{n} \cdot \frac{1}{f_{\varepsilon^{(p)}}(0)^2}$ 代表基于（单变量）样本 $\varepsilon_1^{(p)}, \cdots, \varepsilon_n^{(p)}$ 上的样本分位数的渐近方

差。在方程 4.1 中出现的密度项是未知的,如同在单变量样本中一样需要被估计,而且在第 2 章描述的估计对应项的步骤可轻易地应用到现在的情境中。数量 $\dfrac{1}{f_{\varepsilon^{(p)}}} = \dfrac{d}{dp}Q^{(p)}(\varepsilon^{(p)})$ 可通过不同的商 $\dfrac{1}{2h}\big[\hat{Q}^{(p)}(p+h) - \hat{Q}^{(p)}(p-h)\big]$ 估计得到,在这里,样本分位数 $\hat{Q}(p\pm h)$ 是以拟合 QRM 模型中的残差 $\hat{\varepsilon}_i^{(p)} = y_i \sum\limits_{j=1}^{k} \beta_j^{(p)} x_j^{(i)}$, $i = 1, \cdots, n$ 为基础的。对 h 的选择比较微妙,凯恩克(2005)提出了一些可以选择的方法。

　　处理非 i.i.d 样本的情况将更加复杂。在这种情况下,$\varepsilon_i^{(p)}$ 不再具有共同的分布,但所有这些分布依然拥有为 0 的第 p 分位数。为了处理这些非共同的分布,有必要引入矩阵 $X'X$ 的加权版本(下面的 D_1)。

　　所有这些在 QRM 中获取渐近标准误的分析方法,始于凯恩克在书中提到的一般结论(Koenker, 2005),该书提出了一种适合系数估计值 $\hat{\beta}_j^{(p)}$ 联合分布的多变量标准渐近法(multivariate normal approximation)。这种分布的均值由真实系数和协方差矩阵组成,这一矩阵的表达式为 $\sum_{\hat{\beta}^{(p)}} = \dfrac{p(1-p)}{n}D_1^{-1}D_0D_1^{-1}$,又有:

$$D_0 = \lim_{n\to\infty} \frac{1}{n}\sum_{i=1}^{n} x^{(i)t}x^i, \text{和 } D_1 = \lim_{n\to\infty} \frac{1}{n}\sum_{i=1}^{n} w_i x^{(i)t}x^i$$

$$[4.2]$$

这里 $x^{(i)}$ 表示 $1\times k$ 维度下的 X 的第 i 列。而 D_0 和 D_1 指的是 $k\times k$ 矩阵。加权值为 $w_i = f_{\varepsilon^{(p)}}(0)$,其中概率密度函数 $\varepsilon_i^{(p)}$ 的估值为 0(这就是 $\varepsilon_i^{(p)}$ 的第 p 条件分位数)。这样,我们

可以求出表达式为 $\widetilde{X}'\widetilde{X}$ 的 D_1 的总和,这里 $\widetilde{X}$ 是从 X 的第 i 列乘以 $\sqrt{w_i}$ 而得到。在方程 4.1 趋向于正定矩阵 D_i 的情况下可以给出适度宽松的条件。正如在 i.i.d 情况中一样,我们看到:条件密度函数之上的 $\hat{\beta}^{(p)}$ 渐近分布是基于从感兴趣的分位数估值得到的。然而,由于 $\varepsilon_i^{(p)}$ 不服从同分布,这些项式随着 i 的不同而不同,于是产生了不同的权重。由于密度函数是未知的,它成为估计出现在方程 4.2 中的权重 w_i 的必须条件。计算这些权重的估计值 $\hat{w}_i$ 的两种方法在凯恩克的书中有所提及。不管应用的方法是哪种,$\hat{\beta}^{(p)}$ 的协方差矩阵都被估算为 $\hat{\Sigma} = \dfrac{p(1-p)}{n} \hat{D}_1^{-1} \hat{D}_0 \hat{D}_1^{-1}$,在这里:

$$\hat{D}_0 = \frac{1}{n} \sum_{i=1}^n x^{(i)t} x^i, \text{和} \hat{D}_1 = \frac{1}{n} \sum_{i=1}^n \hat{w}_i x^{(i)t} x^i \qquad [4.3]$$

单独的系数估计量 $\hat{\beta}_t^{(p)}$ 的估计标准误可通过估计协方差矩阵 $\hat{\Sigma}$ 的相应对角线元素(corresponding diagonal element)的平方根获得。如在 i.i.d 情况中,现在我们可以检验关于协变量对因变量影响效应的假设,并且获得分位数回归系数的置信区间。

表 4.2 展示了二元变量 QRM 中第 0.05 和第 0.95 的收入分位数估计值的渐近和自举标准误。虽然渐近和自举的标准误存在一定的差异,但它们关于 ED 和 WHITE 效应的结论是相同的。在第 0.05 分位数上,ED 的点估计为 1130 美元,标准误为 36 美元。而在第 0.95 分位数上,相对应的数字分别为 9575 美元和 605 美元。但在第 0.05 分位数上,WHITE 的系数等于 3197 美元,标准误为 359 美元;在第 0.95 分位数上则为 17484 美元和 2895 美元。我们还可以用

标准误计算置信区间。

表 4.2　收入分位数回归模型—渐近和 500 次重抽样自举标准误

变　量	p	
	0.05	0.95
ED	1130	9575
	(36)	(605)
	[80]	[268]
WHITE	3197	17484
	(359)	(2895)
	[265]	[2280]

注：小括号内为渐近标准误；中括号内为自举标准误。

　　表 4.2 表明：两个极端的分位数上的 ED 和 WHITE 的正向效应在统计上是显著的。然而，协变量效应在不同的分位数上是否存在显著差异，还需要进一步检验。这些检验需要不同分位数上的系数的协方差矩阵。正如我们上面讨论过的，估计 QRM 的误差方差要比 LRM 复杂得多；因此，从多元 QRM 得到的系数协方差将会十分复杂，以至于在实践中不可能得到封闭解。这样，我们需要替代性的方法，来估计不同分位数上的系数协方差，这个话题我们将在下一个部分讨论。

　　关于渐近标准误，更重要的担心是 i. i. d 假设通常难以成立。经常观察到的偏态和离群值使得误差分布背离 i. i. d 假设。我们发现标准的大样本近似法对于 i. i. d 误差假设的微小偏离都是十分敏感的。这样，基于强参数假设之上的渐近程序不适合用于完成假设检验和估计置信区间(Koenker，1994)。不需要 i. i. d 假设的替代性方法是更加稳健和实用的(如 Kocherginsky，He & Mu，2005)。为了获得稳健的结果,就要求不论因变量的概率密度函数的形式是什么,其统计方法都是适用的,而且它的误差也是令人满意的。换言之,这种替代方法对因变量的分布没有前提假设。一个好的选择便是自举法。

第 3 节 | QRM 的自举法

可代替在之前章节中讨论的渐近法的便是自举法（the bootstrap approach）。自举法是一种蒙特卡洛（Monte-Carlo）方法，它用于估计参数估计值的抽样分布，这些参数估计值的计算依赖于来自某种分布的大小为 n 的样本。当一般的蒙特卡洛模拟法被用于模拟抽样分布时，需要假设总体分布是已知的，大小为 n 的样本是从该总体分布中抽取的，而且每一个样本都被用于计算参数估计值。这些从计算得来的参数估计值的经验分布便被用做模拟我们想要的抽样分布。特别的，估计值的标准误可以通过参数估计值的样本的标准差计算得到。

由埃弗隆（Efron，1979）引入的自举法不同于一般的蒙特卡洛模拟法。与从假定的分布中抽取样本不同的是，我们从实际观察得到的数据中采用放回抽样方法抽取大小为 n 的样本。重新抽样的数量（用 M 表示）在估计标准差时通常位于 50 到 200 之间，而在估计置信区间时，则位于 500 到 2000 之间。尽管每一个重新抽样有着与初始样本相同的要素数量，但它可以多次抽取某些初始数据点，同时排除其他一些数据点。因此，每一个再抽样样本都随机地偏离初始样本。

为了举例说明自举法，我们来考虑在样本 $y_1, \cdots, y_n$ 的第 25 百分位数 $\hat{Q}^{(0.25)}$ 样本基础上估计总体第 25 百分位数 $Q^{(0.25)}$ 的情况。我们想要计算估计值的标准误。一种方法是使用第 2 章提到的大样本模拟 $\hat{Q}^{(0.25)}$ 的方差。这将 $\sqrt{\dfrac{p(1-p)}{nf(Q^{(p)})^2}} = \sqrt{\dfrac{(1/4)(3/4)}{nf(Q^{(p)})^2}} = \dfrac{\sqrt{3}}{4} \dfrac{1}{\sqrt{nf(Q^{(p)})}}$ 作为 $\hat{Q}^{(0.25)}$ 的标准差的近似值，在这里 f 表示总体密度函数。由于这个密度是未知的，所以我们必须估计它，并且正如在本章开始部分提到的，我们可以通过公式 $(\hat{Q}^{(0.25+h)} - \hat{Q}^{(0.25-h)})/(2h)$ 和选择适当的常数 h 来估计项式 $1/f(\hat{Q}^{(0.25)})$。

同样解决这一问题的自举法在某种程度上更加直接：我们采用放回抽样方法，从初始样本中抽取大小为 n 的大量样本。这些样本被称为自举样本（bootstrap sample）。对于第 m 个自举样本 $\tilde{y}_1^{(m)}, \cdots, \tilde{y}_n^{(m)}$，我们要计算值 $\hat{Q}_m^{(0.25)}$。重复大数 M（50 至 200）次抽样，将产生样本 $\hat{Q}_m^{(0.25)}$，$m = 1, \cdots, M$，我们将其视为从抽样分布 $\hat{Q}^{(0.25)}$ 中抽取而来的。然后，我们使用 $\hat{Q}_m^{(0.25)}$，$m = 1, \cdots, M$ 的标准差 s_{boot}，来估计我们想要的标准差。

自举估计同样用来获得目标总体第 25 百分位数的近似置信区间。有各种各样的方法可以达到这一目的。其中一种是利用样本的初始估计值 $\hat{Q}^{(0.25)}$ 及它的标准误 s_{boot}，100 $(1-\alpha)\%$ 来计算置信区间的常态近似值 $\hat{Q}^{(0.25)} \pm z_{\alpha/2} s_{boot}$。

另一种替代方法是利用自举估计样本的经验分位数。对于自举的 95% 置信区间，我们将区间的端点看作样本自举估计值的第 0.25 和第 0.975 分位数。更具体的，如果我们将

自举估计值 $\hat{Q}_1^{(0.25)}$, $\cdots$, $\hat{Q}_{1\,000}^{(0.25)}$ 从小到大地排列数字顺序 $\hat{Q}_1^{(0.25)}$, $\cdots$, $\hat{Q}_{1\,000}^{(0.25)}$，我们的置信区间便是 $[\hat{Q}_{50}^{(0.25)}$, $\hat{Q}_{951}^{(0.25)}]$。其他任何覆盖概率的置信区间都可以使用相似的方法建立。

将这一思路扩展至 QRM，我们希望估计分位数回归的参数估计值 $\beta^{(p)} = (\beta_1^{(p)}, \cdots, \beta_k^{(p)})$ 的标准误，这些参数估计值是基于包括样本协变量—因变量数据对 (x_i, y_i), $i = 1, \cdots,$ n 的数据而计算得来的。这种 (x, y) 数据对的自举法，指的是通过对这些数据对的放回抽样而得到的大小为 n 的自举样本，数据对即微观单位(包括 x, y 数据的个案)。样本中一个数据对的重复次数是通过他们的重复率而计算的，因此，一个出现了 k 次的数据对被抽取的概率将增加 k 倍。

每一个自举样本产生一个参数估计值，而我们通过 M 自举估计值可以计算特定系数估计值 $\hat{\beta}_i^{(p)}$ 的标准误 s_{boot}。这种自举估计可以通过不同方式用于计算单个分位数回归参数 $\beta_i^{(p)}$ 的置信区间。其中一种便是利用标准误估计和正态渐近法：$\hat{\beta}_i^{(p)} \pm z_{\alpha/2} s_{boot}$。或者，我们可以在样本分位数的基础上计算置信区间。例如 $\hat{\beta}_i^{(p)}$ 的 95% 置信区间从样本的第 2.5 百分位数延续至第 97.5 百分位数，这一样本包括 M 的自举估计值 $\hat{\beta}_m^p$。

例如，对基于 19 个等距分位数($p = 0.05$, $\cdots$, 0.95)的多元 QRM 可以从总体上考虑。我们可以估计 19 个模型中所有可能的分位数回归系数之间的协方差。例如，当正在拟合的模型包括截距参数 $\hat{\beta}_1^p$ 和与两个协变量 $\hat{\beta}_2^p$ 和 $\hat{\beta}_3^p$ 相对应的系数时，我们有 $3 \times 19 = 57$ 个被估计的系数，产生 57×57 协方差矩阵。这一矩阵不仅提供了在每一个分位数[如，$\mathrm{Var}(\hat{\beta}_1^{0.05})$ 和 $\mathrm{Var}(\hat{\beta}_1^{(0.50)})$]上各个协变量的系数方差，而且还提供同一协变量[如,$\mathrm{Cov}(\hat{\beta}_1^{0.05})$,$\mathrm{Var}(\hat{\beta}_1^{0.50})$]在不同分位数上的估计值的协方差。

通过对方差和协方差的估计,我们可以通过沃德(Wald)值进行假设检验,以验证同一协变量但不同分位数 p 和 q 相对应的一对系数 $\beta_i^{(p)}$ 和 $\beta_i^{(q)}$ 是否相等。

$$\text{沃德值} = \frac{(\hat{\beta}_j^{(p)} - \hat{\beta}_j^{(q)})^2}{\hat{\sigma}_{\hat{\beta}_j^{(p)} - \hat{\beta}_j^{(q)}}^2} \qquad [4.4]$$

分母中的 $\hat{\sigma}_{\hat{\beta}_j^{(p)} - \hat{\beta}_j^{(q)}}^2$ 是 $\hat{\beta}_j^{(p)} - \hat{\beta}_j^{(q)}$ 的差的估计方差,可以通过下面的方程和替代方程右端的估计方差和协方差而获得:

$$\mathrm{Var}(\hat{\beta}_j^{(p)} - \hat{\beta}_j^{(q)}) = \mathrm{Var}(\hat{\beta}_j^{(p)}) + \mathrm{Var}(\hat{\beta}_j^{(q)}) - 2\mathrm{Cov}(\hat{\beta}_j^{(p)}, \hat{\beta}_j^{(q)})$$

$$[4.5]$$

在虚无假设下,沃德值服从自由度为 1 的卡方分布(χ^2)。

更一般的,我们可以检验不同分位数上的多元系数是否相等。例如,假设我们拥有两个协变量和模型中的截距部分,我们希望检验第 p 和第 q 条件分位数函数是否可以彼此转化,即:

$$H_0: \beta_2^{(p)} = \beta_2^{(q)} \text{ 和 } \beta_3^{(p)} = \beta_3^{(q)} \text{ 与 } H_a: \beta_2^{(p)} \neq \beta_2^{(q)} \text{ 或者 } \beta_3^{(p)} \neq \beta_3^{(q)}$$

去除了截距部分。进行此类检验的沃德值可以被描述如下:首先,我们利用估计的协方差来获得 $\hat{\beta}^{(p)} - \hat{\beta}^{(q)}$ 的一个估计协方差矩阵 $\hat{\Sigma}_{\hat{\beta}^{(p)} - \hat{\beta}^{(q)}}$,其表达式为 $\hat{\Sigma}_{\hat{\beta}^{(p)} - \hat{\beta}^{(q)}} = \begin{bmatrix} \hat{\sigma}_{11} & \hat{\sigma}_{12} \\ \hat{\sigma}_{21} & \hat{\sigma}_{22} \end{bmatrix}$,这个式子可以通过将估计的方差和协方差替换为下面的方程而求解:

$$\hat{\sigma}_{11} = \mathrm{Var}(\hat{\beta}_1^{(p)} - \hat{\beta}_1^{(q)})$$
$$= \mathrm{Var}(\hat{\beta}_1^{(p)}) + \mathrm{Var}(\hat{\beta}_1^{(q)}) - 2\mathrm{Cov}(\hat{\beta}_1^{(p)}, \hat{\beta}_1^{(q)})$$

$$\hat{\sigma}_{12} = \hat{\sigma}_{21} = \text{Cov}(\hat{\beta}_1^{(p)}, \hat{\beta}_2^{(p)}) + \text{Cov}(\hat{\beta}_1^{(q)}, \hat{\beta}_2^{(q)})$$
$$- \text{Cov}(\hat{\beta}_1^{(p)}, \hat{\beta}_2^{(q)}) - \text{Cov}(\hat{\beta}_1^{(q)}, \hat{\beta}_2^{(p)})$$

$$\hat{\sigma}_{22} = \text{Var}(\hat{\beta}_2^{(p)} - \hat{\beta}_2^{(q)}) = \text{Var}(\hat{\beta}_2^{(p)}) + \text{Var}(\hat{\beta}_2^{(q)})$$
$$- \text{Cov}(\hat{\beta}_2^{(p)}, \hat{\beta}_2^{(q)})$$

下面我们计算这一检验值：

$$W = \begin{bmatrix} \hat{\beta}_1^{(p)} & \hat{\beta}_1^{(q)} \\ \hat{\beta}_2^{(p)} & \hat{\beta}_2^{(q)} \end{bmatrix}^t \hat{\Sigma}_{\hat{\beta}^{(p)} - \hat{\beta}^{(q)}}^{-1} \begin{bmatrix} \hat{\beta}_1^{(p)} & \hat{\beta}_1^{(q)} \\ \hat{\beta}_2^{(p)} & \hat{\beta}_2^{(q)} \end{bmatrix}$$

这个方程在虚无假设下,接近于自由度为 2 的卡方分布(χ^2)。

　　Stata 通过 bsqreg 命令,可实现单个 QRM 的自举程序,而对于多元 QRM,则采用 sqreg 命令。从 sqreg 命令计算出的估计值和那些通过 bsqreg 命令得到的个别结果是一样的,但是 sqreg 命令会提供整个协方差矩阵。sqreg 的实用性有助于研究者检验不同分位数上的系数是否相等。依靠计算机技术的发展,多数研究者得以使用自举法。例如,在超过 20000 户家庭的收入数据中的 500 个重新抽样样本,中位数上的二元 QRM 的协方差估计任务,Stata(版本 9.2)通过 64 位、1.6G 赫兹的处理器大概要用 8 分钟来完成。而拥有 500 个复制样本的 19 个分位数进行类似估计则需要花 2 个小时。

第 4 节 ｜ QRM 的拟合优度

在线性回归模型中,拟合优度由 R^2(即决定系数)测量:

$$R^2 = \frac{\sum_i (\hat{y_i} - \bar{y})^2}{\sum_i (y_i - \bar{y})^2} = 1 - \frac{\sum_i (y_i - \hat{y_i})^2}{\sum_i (y_i - \bar{y})^2} \qquad [4.6]$$

在方程第二项中的分子代表观察值 y_i 与相应的模型拟合值$\hat{y_i}$的距离平方和。另一方面,分母则是观察值和拟合值(只从模型中的截距部分计算得来)的距离平方和。因此,R^2可被理解为在模型中因变量的差异可由预测变量解释的比例。这个数值落在 0 和 1 之间,R^2 值越大,表示模型拟合越好。

对于分位数回归模型,我们可以轻松地发展出类似于 R^2 的统计值。由于线性回归模型拟合是基于最小二乘法的,而分位数回归模型则以最小化加权距离总和($\sum_{i=1}^{n} d_p(y_i, \hat{y_i})$)为基础,正如第 3 章至第 5 章提到的——根据 $y_i > \hat{y_i}$ 还是 $y_i < \hat{y_i}$ 而确定不同的权重——我们依据符合这一标准的方式来测量拟合优度。凯恩克和马沙杜(Koenker & Machado,1999)建议通过比较模型中的加权距离总和与截距参数的总和来测量拟合优度。让 $V^1(p)$ 表示第 p 分位数回归完整模型的加权距离总和,让 $V^0(p)$ 表示只包括常数项的模型的加

权距离总和。以单一协变量模型为例，我们有：

$$V^1(p) = \sum_{i=1}^{n} d_p(y_i, \hat{y}_i) = \sum_{y_i \geqslant \beta_0^{(p)} + \beta_1^{(p)} x_i} p \mid y_i - \beta_0^{(p)} - \beta_1^{(p)} x_i \mid$$
$$+ \sum_{y_i < \beta_0^{(p)} + \beta_1^{(p)} x_i} (1-p) \mid y_i - \beta_0^{(p)} - \beta_1^{(p)} x_i \mid$$

和

$$V^0(p) = \sum_{i=1}^{n} d_p(y_i, \hat{Q}^{(p)}) = \sum_{y_i \geqslant \bar{y}} p \mid y_i - \hat{Q}^{(p)} \mid$$
$$+ \sum_{y_i < \bar{y}} (1-p) \mid y_i - \hat{Q}^{(p)} \mid$$

对于只包含常数项的模型，拟合的常数正是样本 $y_1, \cdots,$ y_n 的第 p 分位数 $\hat{Q}^{(p)}$。这样，拟合优度便被定义为：

$$R_p = 1 - \frac{V^1(p)}{V^0(p)} \qquad [4.7]$$

由于 $V^0(p)$ 和 $V^1(p)$ 是非负的，R_p 的最大值为 1。同样，因为完整拟合模型中令加权距离总和最小化，$V^1(p)$ 永远不会大于 $V^0(p)$，所以 R_p 大于或等于 0。因此，R_p 的取值范围在 0 和 1 之间，大的 R_p 值表示更好的模型拟合。方程 4.7 是 QRM 在 p 上的拟合优度的局部测量。对于所有分布的 QRM 的全面评估，要求对 R_p 进行整体检验。

上面定义的 R_p 允许我们对超出截距项的任意协变量拟合模型与只包括截距项的模型进行比较。这是由凯恩克和马沙杜(1999)为嵌套模型引进的比较拟合优度的受限形式。通过明显的扩展，对于特定模型拟合度的改善程度，可以通过模型的较大受限形式来测量。由此得到的结果被称为相对 $R_{(p)}$ 值。让 $V^2(p)$ 表示限制较小的第 p 分位数回归模型的加权距离总和，而让 $V^1(p)$ 表示限制较大的第 p 分位数回归模型的加权距离总和。而相对 $R_{(p)}$ 值可表示为：

$$相对 R_{(p)} = 1 - \frac{V^2(p)}{V^1(p)} \qquad [4.8]$$

　　下面我们用收入的例子进行讲解。我们在 19 个等距分位数上对收入拟合一个二元变量 QRM（教育和种族）和一个一元变量 QRM（只有教育）。表 4.3 中的数值分别代表常数模型和完整模型的拟合优度（见图 4.1）。Stata 通过方程 4.7 提供了拟合优度的测量值，并称之为伪（pseudo）R^2 值，以便与 LRM 的常规 R^2 相区分。

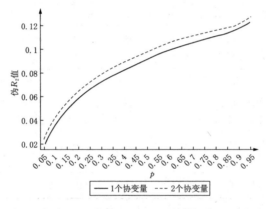

图 4.1　分位回归模型的拟合优度：
一个协变量模型嵌套于两个协变量模型

　　表 4.3 列出了二元协变量模型的拟合优度。在低尾处的收入拟合优度要低于上尾处。收入分布中 19 个分位数上的平均 $R_{(p)}$ 为 0.0913。而一元协变量模型是嵌套在二元协变量模型中的，它在 19 个分位数上的平均 $R_{(p)}$ 为 0.0857。这些模型的 $R_{(p)}$ 表示将种族作为解释变量会改善模型的拟

合。对比于一元协变量模型的 $R_{(p)}$，二元协变量模型的 $R_{(p)}$ 只有适度的增加，所以，教育拥有主要的解释力。对于添加种族是否显著改善模型的正式检验方法是 t 比率（t-ratio）。对于一组解释变量的正式检验方法超出了本章的范围，感兴趣的读者可参考凯恩克和马沙杜的书（Koenker & Machado，1999）。

表 4.3 收入分位数回归模型的拟合优度

模　型	0.05	0.10	0.15	0.20	0.25
二元变量—收入	0.0254	0.0441	0.0557	0.0652	0.0726
一元变量—收入	0.0204	0.0381	0.0496	0.0591	0.0666
模　型	0.30	0.35	0.40	0.45	0.50
二元变量—收入	0.0793	0.0847	0.0897	0.0943	0.0985
一元变量—收入	0.0732	0.0784	0.0834	0.0881	0.0922
模　型	0.55	0.60	0.65	0.70	0.75
二元变量—收入	0.1025	0.1059	0.1092	0.1120	0.1141
一元变量—收入	0.0963	0.0998	0.1033	0.1064	0.1092
模　型	0.80	0.85	0.90	0.95	均值
二元变量—收入	0.1162	0.1179	0.1208	0.1271	0.0913
一元变量—收入	0.1112	0.1131	0.1169	0.1230	0.0857

注：二元变量模型包括教育和种族；一元变量模型只包括教育。表格内数字为 R——QRM 的拟合优度测量值。

第 5 节 | 小结

　　本章讨论了分位数回归模型的推论统计。QRM 系数的渐近推论（标准误和置信区间）类似于 LRM 系数的推论方法，只要经过必要的修改，便可以正确地估计误差方差。假设在社会科学研究中因变量常常出现偏态分布，那么关于渐近推论的假定是有问题的，所以需要一种替代性的推论方法。自举法出色地解决了这一问题。本章介绍了 QRM 系数的自举步骤。自举抽样的理念是相当直观的，并且伴随着计算机技术的发展而变得十分实用。

　　另外，本章简要讨论了与 LRM 相似的 QRM 拟合优度。QRM 拟合优度的测量值 $R_{(p)}$ 解释了在特定分位数方程中每个观察值所拥有的适当权重。$R_{(p)}$ 是容易理解的，并且对它的解释类似于大家熟悉的 LRM 的 R^2。

第**5**章

分位数回归估计值的解释

在本章中,我们讨论对分位数回归估计值的解释。首先,我们需要解释特定分位数的分位数回归拟合。中位数回归中的分位数可用来追踪位置的变化。其他具体的回归分位数,例如,第 0.05 和第 0.95 分位数,可以用做评估一个协变量如何预测因变量的条件非中心位置和形状的变化。我们同样关注序列回归分位数的一般情况,它可以反映因变量分布在形状上更微妙的变化。

我们以 LRM 估计值的解释方法开始,接着在收入不平等的例子中解释 QRM 的估计值。用这种方法,我们将从两个方面展示为什么 QRM 方法要优于 LRM 方法:它帮助我们模型化因变量分布中的非中心条件分位数及其形状变化。在第 3 章中,我们通过同一个收入样本解释各种各样的方法,但现在我们同时考虑教育和种族的影响。纵观全章,我们集中关注初始单位因变量的分析。对单调转换因变量估计值的解释和对因变量初始单位含义的理解将在第 6 章讨论。

第 1 节 | **参照与比较**

　　为了帮助读者理解分位数回归的估计值,我们采用参照与比较(reference and comparison)的概念和一些关于效应量化的更一般的概念。参照是传统的回归术语,比较则表示在回归中协变量每单位增量的效应。[9]

　　在多数情况下,我们的兴趣在于进行组别间的比较。例如,我们希望比较受教育年限为 11 年的个体和那些受教育年限为 12 年的个体。或者,我们对黑人和白人的比较感兴趣。无论如何,我们从一组可能的协变量开始,例如,受教育年限为 11 年的所有黑人,我们将拥有这些特征的子总体设为参照组。然后,我们以特定方式修改其中一个协变量,例如,将 11 年教育水平改为 12 年,或者将黑人种族换成白人。那么,我们将与修改后的一组协变量相对应的子总体作为比较组。这两个组别比较的主要特征是修改了单个协变量,而保持其他协变量不变。

　　当我们从一个参照组转换到一个比较组时,检验因变量的分布是如何变化的,有助于量化单个协变量的变化对因变量分布的影响效应。对于 LRM 而言,拟合系数可以理解为估计效应,即因变量分布的均值变化估计值,而均值的变化来源于一个连续型协变量的单位增量,或者虚拟变量值从 0

到 1 的变化。每一种变化都可以理解为参照组和比较组在均值上的估计差异。对 QRM 的解释与之类似，即参照组和比较组在特定分位数上的估计差异；当其他协变量保持不变时，这一估计差异来自一个连续型协变量的单位增量，或者虚拟变量值从 0 到 1 的变化。

第 2 节 | 条件均值与条件中位数

到目前为止,最容易理解的 QRM 是中位数回归模型(即第 0.5QRM),它用以表达在特定预测变量下因变量的条件中位数,并且中位数回归模型可作为拟合条件均值的 LRM 的一种替代方法。当两种模型试图模型化因变量分布的中心位置时,它们是可以做相互比较的。

收入 LRM 的估计值在 *ED* 变量上是 6314 美元,在 *WHITE* 种族上是 11452 美元。受教育年限每增加一年,在任何固定的教育水平上的收入均值将增加6314 美元。由于线性假设的存在,对于任何固定教育水平下的家庭而言,条件均值的增加量是相同的。例如,受教育年限每增加 1 年,家庭的平均收入便增加相同的数量,不管户主拥有 9 年或 16 年教育年限。另外,教育年限每增加 1 年的效应,对于黑人和白人是同样的:如果模型中没有放入种族和教育的交互项。就参照组和比较组而言,我们可以说,尽管存在许多不同的参照组/比较组的组合,但是只存在两种可能的效应:单一的种族效应和单一的教育效应。[10]

LRM 包含一个严格的假设:从一组到下一组,收入分布的位移并不伴随着尺度和形状的变化。具体来说,教育的正向效应反映了受教育年限每增加 1 年时,分布向右移动的幅度,而这是表现分布移动的唯一方式。相似的,收入 LRM 中 *WHITE* 的系数表示从黑人的收入分布到白人的收入分布存在一个向右的位置移动,同样没有改变分布形状:黑人的平均收入比白人的低 11452 美元。

　　下面我们从 LRM 转到 QRM,集中关注中位数回归的特殊例子,我们需要记住的是:主要差异在于我们是模型化条件中位数而不是条件均值。正如在第 3 章讨论的,中位数可能是一个更让人满意的测量分布中心位置的方法,尤其是当我们试图模型化条件分布的整体行为时。例如,这些条件分布可能是右偏的,这令它们的均值更多地反映了分布上尾部分的情况而不是中间部分的情况。作为一个具体的例子,位于上尾收入分位数的家庭可能对关于教育影响中位数收入的研究分析有着深远的影响。因此,这种分析可能反映了教育对条件均值的效应远大于对条件中位数的效应。

　　对中位数回归系数的解释类似于对 LRM 的系数解释。表 5.1 给出了各种分位数回归模型的估计系数,包括中位数(第 0.5 分位数)回归。就连续型变量而言,系数估计值可被理解为预测变量每一个单位的变化对应于因变量的中位数的变化。LRM 的线性和无交互项的解释结果可应用在中位数回归模型中。具体来说,教育水平的每一年增量对中位数因变量的效应对于所有种族和教育水平来说是相同的,而且种族变化的效应在所有教育水平上也是相同的。

　　条件中位数模型中的 *ED* 系数是 4794 美元,低于条件均值模型的系数。这意味着增加一年的教育会让收入平均增长 6314 美元,但对总体的多数人来说,收入的增加并没有这么可观。相似的,在条件中位数的 *WHITE* 系数是 9792 美元,低于条件均值模型中相应的系数。

表 5.1 收入的分位数回归估计值及其渐近标准误

	0.05	0.10	0.15	0.20	0.25	0.30	0.35
ED	1130	1782	2315	2757	3172	3571	3900
	(36)	(41)	(51)	(51)	(60)	(61)	(66)
WHITE	3197	4689	5642	6557	6724	7541	8168
	(359)	(397)	(475)	(455)	(527)	(528)	(561)
	0.40	0.45	0.50	0.55	0.60	0.65	0.70
ED	4266	4549	4794	5182	5571	5841	6224
	(73)	(82)	(92)	(86)	(102)	(107)	(129)
WHITE	8744	9087	9792	10475	11091	11407	11739
	(600)	(662)	(727)	(664)	(776)	(793)	(926)
	0.75	0.80	0.85	0.90	0.95		
ED	6598	6954	7505	8279	9575		
	(154)	(150)	(209)	(316)	(605)		
WHITE	12142	12972	13249	14049	17484		
	(1065)	(988)	(1.299)	(1790)	(2895)		

注:括号内为渐近标准误。

　　括号里表示的是在 i.i.d 假设下的估计值的渐近标准误。如果 i.i.d 假设成立,教育对收入中位数的影响效应的标准误是 92 美元,t 比率为 52.1,并且 p 值小于 0.001,这些证据拒绝了"教育对中位数收入没有影响"的虚无假设。*WHITE* 的系数的标准误为 727 美元,而且在 0.001 水平上具有统计显著性。

第 3 节 │ 其他个别条件分位数的解释

有时候,相对于中心位置,研究者对分布的低尾或上尾部分更感兴趣。关注平等性的教育政策重视提高落后学生的考试成绩。在 2000 年,39％的八年级学生的学科成绩低于基础水平。因此,对于教育研究者而言,第 0.39 分位数比均值或中位数更有意义。福利政策以低收入群体为对象。如果全国的贫穷率为 11％,那么第 0.11 收入分位数和低于这一水平的分位数对于福利研究者来说,比中位数或均值更有意义。研究者发现工会成员身份对位于收入分布低端的个案比对达到均值水平的个案有更大的回报(Chamberlain,1994)。另一方面,对于收入排在总体前 10％的人群,在高名望的私人大学接受教育的情况更加普遍。研究有名望的高等教育的得益时,通常关注第 90 或更高的收入分位数。

在表 5.1 中,19 个分位数的 QRM 拟合系数可以用来检验教育和种族在不同收入分位数上的效应。[11] 为了告知福利政策制定者,我们检验条件收入模型中第 0.1 和第 0.05 分位数上的教育和种族系数。我们发现:在第 0.1 分位数上,受教育年限每增加 1 年,将使收入增长 1782 美元,在 0.05 分位数上,这一增量为 1130 美元;在第 0.1 分位数上,黑人和白人的差距为 4689 美元,在 0.05 分位数上,则为 3197 美元。对右端分布的教育回报率感兴趣的研究者,可以观察在第 0.9 和第 0.95 分位数上的教育估计值。第 0.95 分位数的系数为 9575 美元,远高于在第 0.90 分位数上的 8279 美元,这意味着有名望的高等教育对收入的贡献是不一样的。在 i. i. d 假设下,渐近的标准误表明教育效应和种族效应在非中心的分位数上是显著的。

因为 i. i. d 是一个非常严格的假设,它假定因变量没有发生形状变化,我们应该采用更加灵活的标准误估计方法,如自举法(bootstrapping)。表 5.2 列出了基于 500 次再抽样自举程序上的二元协变量的参数点估计和标准误。自举的点估计与渐近估计相近,但它们在不同分位数上的变化幅度比渐近标准误更小,尤其是 ED 变量(参见图 5.1 和图 5.2)。

表 5.2　收入的分位数回归估计的点估计与标准误(500 次再抽样自举法)

	0.05	0.10	0.15	0.20	0.25	0.30	0.35
ED	1130	1782	2315	2757	3172	3571	3900
	(80)	(89)	(81)	(56)	(149)	(132)	(76)
WHITE	3197	4689	5642	6557	6724	7541	8168
	(265)	(319)	(369)	(380)	(469)	(778)	(477)
	0.40	**0.45**	**0.50**	**0.55**	**0.60**	**0.65**	**0.70**
ED	4266	4549	4794	5182	5571	5841	6224
	(98)	(90)	(103)	(83)	(103)	(121)	(125)
WHITE	8744	9087	9792	10475	11091	11407	11739
	(545)	(577)	(624)	(589)	(715)	(803)	(769)
	0.75	**0.80**	**0.85**	**0.90**	**0.95**		
ED	6598	6954	7505	8279	9575		
	(154)	(151)	(141)	(216)	(268)		
WHITE	12142	12972	13249	14049	17484		
	(1.041)	(929)	(1350)	(1753)	(2280)		

注:括号内为渐近标准误。

第 4 节 │ 不同分位数系数的等值检验

当多元分位数回归被估计时，我们需要检验那些明显的差异是否在统计上显著。为完成这样的检验，需要估计横贯分位数估计值的协方差矩阵。对协方差矩阵的估计可借助自举法来实现，以允许灵活的误差，并为十分复杂的渐近线方程提供数学解决方法。

表 5.3 给出了点估计值、自举标准误和 p 值，这些数值有助于检验第 p 分位数估计值与中位数估计值、第 $(1-p)$ 分位数估计值及第 $(p+0.05)(p \leqslant 0.5)$ 分位数估计值是否等价。根据这些情况，自举法给出了比渐近线法更小或更大的标准误。例如，在中位数收入水平上，渐近线法给出的教育点估计是4794 美元，标准误是 92 美元。而自举法计算的相应数值分别是 4794 美元和 103 美元。但在第 0.05 分位数上，与渐近线法相比，自举法给出了较低准确度的教育估计值：自举法标准误是 80 美元，大于渐近标准误(36 美元)。

检验不同分位数估计值是否等价的沃德检验（Wald Test）的 p 值表明：在我们所选的检验中，教育效应在不同的分位数上是有差异的。这些检验比较了当前估计值（即第 0.05 分位数）与其他三个估计值：中位数估计值、与之对应的另一端估计值（第 0.95 分位数）和邻近的更高分位数估计值

表 5.3 不同收入分位数的系数等价检验(500 次再抽样自举法)

分位数/变量	系 数	P 值			
		与中位数系 数有无差异	与第 $(1-p)$ 分位数系数 有无差异	与第 $(p+0.05)$ 分位数系数 有无差异	4 个系数有 无联合差异
第 0.05 分位数					
ED	1130 **	0.0000	0.0000	0.0000	0.0000
	(80)				
WHITE	3197 **	0.0000	0.0000	0.0000	0.0000
	(265)				
第 0.10 分位数					
ED	1782 **	0.0000	0.0000	0.0000	0.0000
	(89)				
WHITE	4689 **	0.0000	0.0000	0.0000	0.0000
	(319)				
第 0.15 分位数					
ED	2315 **	0.0000	0.0000	0.0000	0.0000
	(81)				
WHITE	5642 **	0.0000	0.0000	0.0018	0.0000
	(369)				
第 0.20 分位数					
ED	2757 **	0.0000	0.0000	0.0000	0.0000
	(56)				
WHITE	6657 **	0.0000	0.0000	0.4784	0.0000
	(380)				
第 0.25 分位数					
ED	3172 **	0.0000	0.0000	0.0000	0.0000
	(149)				
WHITE	6724 **	0.0000	0.0000	0.0012	0.0000
	(469)				
第 0.30 分位数					
ED	3571 **	0.0000	0.0000	0.0000	0.0000
	(132)				
WHITE	7541 **	0.0000	0.0000	0.0142	0.0000
	(778)				
第 0.35 分位数					
ED	3900 **	0.0000	0.0000	0.0000	0.0000
	(76)				

分位数/变量	系 数	P 值			
		与中位数系数有无差异	与第 $(1-p)$ 分位数系数有无差异	与第 $(p+0.05)$ 分位数系数有无差异	4 个系数有无联合差异
WHITE	8168**	0.0000	0.0000	0.0035	0.0000
	(477)				
第 0.40 分位数					
ED	4266**	0.0000	0.0000	0.0000	0.0000
	(98)				
WHITE	8744**	0.0028	0.0008	0.1034	0.0002
	(545)				
第 0.45 分位数					
ED	4549**	0.0000	0.0000	0.0000	—
	(90)				
WHITE	9087**	0.0243	0.0017	0.0243	—
	(577)				
第 0.50 分位数					
ED	4794**	—	—	0.0000	—
	(103)				
WHITE	9792**	—	—	0.0361	—
	(624)				

注:括号内为标准误; ** $p < 0.01$。

(在 0.10 分位数)。与此相反,在我们所选的众多检验中,种族效应不存在统计上的差异。例如,在 0.20 分位数上的白人效应与在 0.25 分位数上的差异并不显著。尤其是在中位数之上的收入分位数的种族效应与相邻的第 $(p+0.05)$ 分位数的种族效应在统计上不存在显著差异,这一现象正好与教育相反,当 p 上升时,教育效应逐渐增大。

你同样可以验证另一个虚无假设,即对于相同的协变量而言,多于两个分位数的系数是联合相等的。表 5.3 最后一列展示了相同协变量的四个分位数系数的联合检验结果。沃德检验统计值接近于自由度为 3 的 χ^2 分布。检验结果拒绝了虚无假设,并且论证了四个系数中至少有两个是彼此显著不相等的。

第 5 节 | 通过 QRM 结果 解释形状变化

许多社会科学研究,尤其是关于不平等的研究,不仅需要说明位置变化,而且要考虑形状变化,因为在很大程度上仅仅关注位置会让我们忽略关于组间差异的许多信息。关于形状特征的最重要的两个考虑是尺度(或离散)和偏态。

一个图像的视角

因为我们的兴趣在于预测变量如何改变因变量的分布形状,所以我们通过 QRM 来计算多元分位数的估计值。对形状效应的分析比对位置的分析要复杂得多,所以我们需要一个重要的权衡。一方面,因为形状分析可利用各个分位数的 QRM 估计值的多重集(multiple sets)来实现,所以它可以揭示比单独使用位置效应分析更多的信息。另一方面,描述这些信息是比较麻烦的,需要额外的功夫。特别是对一系列分位数(例如:0.05, 0.10, …, 0.90, 0.95)的回归系数的检验是难以处理的,所以,QRM 估计值的图像化视角成为解释QRM 结果的必要途径。

特定协变量的 QRM 系数反映了协变量的单位变化对因

变量分布的分位数的影响。因此,一系列分位数的系数组可以用来确定协变量的单位增量是如何影响因变量的分布形状的。我们通过图像视角来检验系数,进而凸显影响形状变化的效应。对于一个特定的协变量,我们描绘其系数和置信封闭间(confidence envelope),这里 y 轴表示预测变量的效应 $\hat{\beta}^{(p)}$, x 轴表示分位数 p。

图 5.1 提供了关于教育和种族(两者以各自的均值为中心)的收入分位数函数的图像。使用那些估计系数(见表 5.1),我们同样可以描绘拟合常数的图像。因为协变量以其均值为中心,所以常数表示在协变量均值上的拟合分位数函数,这可称为特殊设置(typical setting)。特殊设置下的条件分位数函数如果在中位数以下的斜率平缓而在中位数以上的斜率陡峭的话,那么它就是右偏的。

ED 效应可以表示为,当种族效应维持不变,在任一教育水平下,教育年限每增加 1 年时,条件收入分位数的变化。教育效应是显著为正的,因为其置信封闭间并没有穿过 0 线(见厚平行线)。图 5.1(a)描述了一条向上倾斜的教育效应曲线:教育年限的单位增加效应对于所有第 p 分位数数值都是正向的,还随着 p 的增加而稳定上升。并且这种增加速度在第 0.8 以上分位数有所提升。

WHITE 效应可以表示为:当教育水平保持不变时,将种族变量从黑人换成白人时条件收入分位数的变化幅度。作为白人的效应是显著为正的,因为 0 线远低于置信封闭间。与黑人相比,图 5.1(b)描述了另一条向上倾斜的白人效应曲线。在第 0.15 分位数之下和第 0.90 分位数之上的斜率比那些位于中间分位数的斜率更加陡峭。

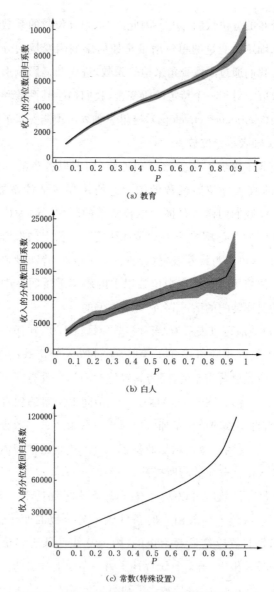

(a) 教育

(b) 白人

(c) 常数(特殊设置)

图 5.1　分位回归估计的 95% 置信区间渐进线(收入)

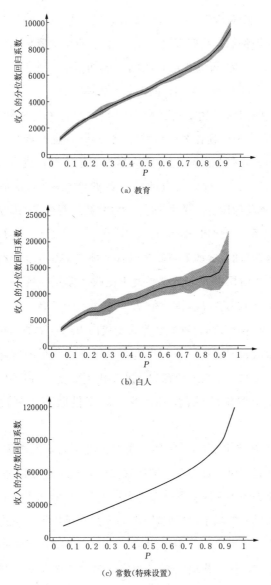

（a）教育

（b）白人

（c）常数（特殊设置）

图 5.2　BOOTSTRAP 分位回归估计系数的 95% 置信区间（收入）

图 5.2 对应于图 5.1，但图 5.2 的置信封闭间是基于自举估计得到的。我们观察到，图 5.2 中的自举置信封闭间相对于图 5.1 的渐近置信封闭间要更加平衡。我们从图 5.1 和图 5.2 可看到一个相似的形状变化模式。

这些图像传达了与教育和种族效应相关的额外信息。首先，教育和种族在影响位置变化的同时，也影响着形状变化。如果只存在位置变化，那么增加 1 年的教育或将种族从黑人换成白人，将令所有的分位数的增量相同，从而导致 $\hat{\beta}^{(p)}-p$ 图像接近一条水平线。然而，我们观察到的则是 $\hat{\beta}^{(p)}$ 随着 p 而单调递增，即当 $p>q$ 时，有 $\hat{\beta}^{(p)}>\hat{\beta}^{(q)}$，并且，这一性质告诉我们：增加 1 年教育或者将种族从黑人变成白人对于高收入阶层的收入效应要大于低收入阶层。这一单调性同样具备尺度效应，因为它表明当 $p<0.5$ 时，有 $\hat{\beta}^{(1-p)}-\hat{\beta}^{(p)}>0$。换言之，将种族从黑人变成白人或者增加一年教育水平会增大因变量的单位尺度。[12] 尽管这两个图看起来暗示了真实的变化将比位置和尺度变化更加复杂，但图像并不足以反映偏态的变化，因为偏态需要借助多元分位数来测量。

现在，我们总结一下协变量对因变量效应的图像模式。平行线表明协变量的单位增量仅仅会影响位置变化；向上倾斜曲线表明条件因变量分布的尺度的增大，而向下倾斜曲线则表示尺度的减小。然而，图像的视角不足以展示偏态的变化。图像化提供了关于预测变量的变化是如何产生形状变化的一些证据。我们同样对变化的幅度和变化是否显著感兴趣。我们的下一个目标是从 QRM 估计值中发展出测量两类形状变化的定量方法。

尺度变化

标准差是普遍使用的测量对称分布的尺度及离散程度的方法。然而，对于偏态分布，所选分位数之间的距离提供了比标准差更多的关于离散程度的有用信息。对于在 0 和 0.5 之间的第 p 分位数，我们确定了两个样本分位数：$\hat{Q}^{(1-p)}$（第 $[1-p]$ 分位数）和 $\hat{Q}^{(p)}$（第 p 分位数）。第 p 分位数间距，$IQR^{(p)} = \hat{Q}^{(1-p)} - \hat{Q}^{(p)}$，是测量离散程度的方法。这一数量描述了分布中间 $(1-2p)$ 部分的比例范围。当 $p = 0.25$ 时，这一分位数间距便是四分位间距 $IQR^{(0.25)} = \hat{Q}^{(0.75)} - \hat{Q}^{(0.25)}$，提供了分布中间 50％ 的比例范围。而 p 的其他值，例如 0.10、0.05、0.025，同样可用以捕捉一个分布两个尾端之间的离散范围。例如，使用 $p = 0.10$，第 p 分位数间距表示分布中间 80％ 的比例范围。

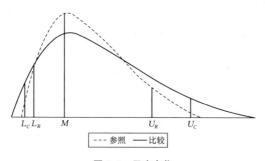

图 5.3 尺度变化

图 5.3 对比了一个参照组和一个比较组的情况，它们有着相同的中位数 M。确定了 p 的数值后，我们便可以计算参照组的分位数间距 $IQR_R = U_R - L_R$，和比较组的 $IQR_C = U_C -$

L_C。然后,我们通过间距的差(difference-in-differences)$IQR_C -$
IQR_R 测量尺度的变化。在此图中,比较组的尺度比参照组的
更大,即存在一个正向的尺度变化。

　　转向我们的应用例子:表 5.4 展示了两个模型下不同教
育组家庭收入分布的尺度变化,一种方法使用样本分位数,
即分位数直接从两组样本中计算,而第二种方法利用收入
QRM 的协变量拟合系数来实现。对于样本分位数,11 年教
育年限组的四分位间距是 26426 美元,12 年教育年限组的则
为 34426 美元。12 年教育年限组的样本离散程度为 8000 美
元,高于 11 年教育年限组。这一尺度变化可以通过计算两
组的分位数间距差 $\hat{Q}^{(0.75)} - \hat{Q}^{(0.25)}$ 而获得。我们看到教育年
限从 11 年变成 12 年,四分位间距增加了 $34426 - 26426 =$
8000。对其他分位数间距使用同样的方法,我们发现,对于样
本中间的 80% 范围而言,其尺度增加了 15422 美元,而对于
中间的 90% 范围,则有 19736 美元;对于中间的 95% 范围而
言,为 28052 美元。

表 5.4　收入分布的尺度变化:从 11 年到 12 年教育年限

分位数与 分位数范围	基 于 样 本			基于 模型
	教育年限= 11 年(1)	教育年限= 12 年(2)	差　异 (2)-(1)	
$Q_{0.025}$	3387	5229	1842	665
$Q_{0.05}$	5352	7195	1843	1130
$Q_{0.10}$	6792	10460	3668	1782
$Q_{0.25}$	12098	18694	6596	3172
$Q_{0.75}$	38524	53120	14596	6598
$Q_{0.90}$	58332	77422	19090	8279
$Q_{0.95}$	74225	95804	21579	9575
$Q_{0.975}$	87996	117890	29894	11567

续表

分位数与 分位数范围	基 于 样 本			基于 模型
	教育年限＝ 11 年(1)	教育年限＝ 12 年(2)	差　异 (2)－(1)	
$Q_{0.75} - Q_{0.25}$	26426	34426	8000	
$\hat{\beta}^*_{0.75} - \hat{\beta}^*_{0.25}$				3426
$Q_{0.90} - Q_{0.10}$	51540	66962	15422	
$\hat{\beta}^*_{0.90} - \hat{\beta}^*_{0.10}$				6497
$Q_{0.95} - Q_{0.05}$	68873	88609	19736	
$\hat{\beta}^*_{0.95} - \hat{\beta}^*_{0.05}$				8445
$Q_{0.975} - Q_{0.025}$	84609	112661	28052	
$\hat{\beta}^*_{0.975} - \hat{\beta}^*_{0.025}$				10902

　　QRM 拟合为我们提供了估计尺度变化效应的替代方法。这里,我们用符号 $\hat{\beta}^{(p)}$ 表示在一个第 p 分位数回归模型中某个协变量的拟合系数。这一系数表示协变量的单位增加所导致的任何特定分位数下的数值的增加或减少。这样,当协变量增加一个单位时,相应的第 p 分位数间距将改变 $\hat{\beta}^{(1-p)} - \hat{\beta}^{(p)}$ 的量,这里第 p 尺度变化效应用 $SCS^{(p)}$ 表示。

$$SCS^{(p)} = IQR_C^{(p)} - IQR_R^{(p)} = (Q_C^{(1-p)} - Q_C^{(p)}) - (Q_R^{(1-p)} - Q_R^{(p)})$$
$$= (Q_C^{(1-p)} - Q_R^{(1-p)}) - (Q_C^{(p)} - Q_R^{(p)})$$
$$= \hat{\beta}^{(1-p)} - \hat{\beta}^{(p)} \quad (当 p < 0.5) \qquad [5.1]$$

　　如果我们拟合一个没有协变量交互项的线性 QRM,那么尺度效应便不会依赖于特定的协变量设置(参照组)。当 $SCS^{(p)}$ 等于 0 时,便不会出现尺度变化。而负值则表明增加协变量数值时会减小尺度,正值则指示相反的效应。

　　使用方程 5.1 和表 5.2 的估计值,随着教育年限增加 1 年,总体中间 50% 部分的尺度变化是 3426 美元(将第 0.75 分位数的系数减去第 0.25 分位数的系数：6598－3172 ＝ 3426）。为什么这一尺度变化会小于观察到的尺度变化（8000 美元）呢？这里有两方面的原因。基于模型的测量是控制了其他协变量（这里指种族）的部分测量。另外，基于样本分位数的尺度变化，是从两个特定教育组计算得到的，而基于模型的测量则考虑了所有教育组的情况。通过方程 5.1，我们可以将教育的 QRM 系数解释为总体的中间 80％部分的尺度增加 6497 美元，中间 90％部分则增大 8445 美元，而中间 95％部分的增长幅度为 10902 美元（见表 5.4 最后一列）。

我们可以用相同的方式从尺度变化上解释种族效应。在表 5.2 中，控制了教育后，白人的收入离散幅度比黑人的更大：对总体中间 50％部分而言，为 12142－6724 ＝ 5418，中间 80％部分为 14049－4689 ＝ 9360，而中间 90％部分则为 17484－3197 ＝ 14287。

当保持原来的偏态不变时，尺度的变化可能成比例地伸展或者缩小位于中位数之上或之下的分布部分。而当原来的偏态发生变化时，它同样可以不成比例地伸展或者缩小位于中位数之上或之下的分布部分。而方程 5.1 无法区别成比例和不成比例的尺度变化。

偏态变化

一个与更大偏态相关的不成比例的尺度变化，表明存在对因变量分布形状的附加效应。第 2 章提出了直接测量分位差偏态（quantile-based skewness）的方法，即 QSK，定义为上位离散幅度与下位离散幅度的比率的值减去 1（见方程

2.2)。如果 QSK 大于 0,分布为右偏,反之亦然。图 3.2 中关于教育组和种族组的箱线图表明上位离散情况与下位离散情况的不对称。表 5.5 的中间部分(分位数排列)的第 1 列和第 2 列分别描述了 11 年和 12 年教育年限组的上位和下位离散情况。我们可以看到:两个教育年限组在样本中间的 50%、80%、90% 和 95% 部分都存在右偏的收入分布。

当我们检验比较组的偏态是否不同于参照组的偏态时,我们需要寻找不成比例的尺度变化。图 5.4 描述了假设情境下关于右偏分布的一种不成比例的尺度变化。让 M_R 和 M_C 分别表示参照组和比较组的中位数。参照组的上位离散为 $U_R - M_R$,而比较组的则为 $U_C - M_C$。参照组的下位离散为 $M_R - L_R$,而比较组的则为 $M_C - L_C$。不对称性可通过 $(U_C - M_C)/(U_R - M_R)$ 和 $(M_C - L_C)/(M_R - L_R)$ 的比率得到。如果这一比率的比值等于 1,即不存在偏态变化。如果它小于 1,那么右偏的幅度在减小。如果它大于 1,则意味着右偏的幅度在增大。以百分率表示的变化可通过将这一比率减去 1 而获得,我们称之为偏态变化(skewness shift),或者 SKS。

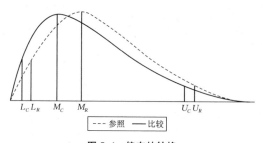

图 5.4　偏态的转换

下面看一下表 5.5 中的样本 SKS——11 年教育年限组和 12 年教育年限组的偏态变化。尽管我们从上一部分内容

了解到高教育年限组的尺度大于低教育年限组,但是高教育
年限组的右偏程度相对较低,因为样本中间 50% 部分的
SKS 是 -0.282,中间 80% 部分为 -0.248,中间 90% 部分为
-0.283,中间 95% 部分为 -0.195。因此,各种分位数范围
的偏态程度的降低幅度在 -19.5% 和 -28.3% 之间。

我们的任务是利用 QRM 系数获得基于模型的 SKS,它
涉及参照组的条件分位数。我们将有代表性的协变量组确
定为参照类(估计常数 $\widehat{\alpha}$)。总体中间的 $100(1-2p)\%$ 部分
的 SKS 为:

$$SKS^{(p)} = \frac{\left[\dfrac{Q_C^{(1-p)} - Q_C^{(0.5)}}{Q_R^{(1-p)} - Q_R^{(0.5)}}\right]}{\left[\dfrac{Q_C^{(0.5)} - Q_C^{(p)}}{Q_R^{(0.5)} - Q_R^{(p)}}\right]} - 1$$

$$= \frac{\left[\dfrac{\widehat{\beta}^{(1-p)} + \widehat{\alpha}^{(1-p)} - \widehat{\beta}^{(0.5)} - \widehat{\alpha}^{(0.5)}}{\widehat{\alpha}^{(1-p)} - \widehat{\alpha}^{(0.5)}}\right]}{\left[\dfrac{\widehat{\beta}^{(0.5)} + \widehat{\alpha}^{(0.5)} - \widehat{\beta}^{(p)} - \widehat{\alpha}^{(p)}}{\widehat{\alpha}^{(0.5)} - \widehat{\alpha}^{(p)}}\right]} - 1 \qquad [5.2]$$

表 5.5　收入的偏态变化:增加一年教育年限的分布情况

分位数	基于样本			基本模型		
	分位数 $(ED=11)$	分位数 $(ED=12)$	$SKS^{(p)}$	QRM $\widehat{\beta}$	QRM $\widehat{\alpha}$	$SKS^{(p)}$
0.025	3387	5229	-0.195	665	6900	-0.049
0.05	5352	7195	-0.283	1130	9850	-0.047
0.10	6792	10460	-0.248	1782	14168	-0.037
0.25	12098	18694	-0.282	3172	24932	-0.016
0.50	20985	32943		4794	42176	
0.75	38524	53120		6598	65745	
0.90	58332	77422		8279	94496	
0.95	74225	95804		9575	120104	
0.975	87996	117890		11567	150463	

续表

分位数	基 于 样 本			基 本 模 型		
	分位数 $(ED=11)$	分位数 $(ED=12)$	$SKS^{(p)}$	QRM $\hat{\beta}$	QRM $\hat{\alpha}$	$SKS^{(p)}$
分位数范围						
$Q_{0.75}-Q_{0.50}$	17539	20177				
$Q_{0.50}-Q_{0.25}$	8887	14249				
$Q_{0.90}-Q_{0.50}$	37347	44479				
$Q_{0.50}-Q_{0.10}$	14193	22483				
$Q_{0.95}-Q_{0.50}$	53240	62861				
$Q_{0.50}-Q_{0.05}$	15633	25748				
$Q_{0.975}-Q_{0.50}$	67011	84947				
$Q_{0.50}-Q_{0.025}$	17598	27714				

注：基于样本的 $SKS^{(p)} = [(Q_C^{(1-p)} - Q_C^{(0.5)})/(Q_R^{(1-p)} - Q_R^{(0.5)})]/[(Q_C^{(0.5)} - Q_C^{(p)})/(Q_R^{(0.5)} - Q_R^{(p)})] - 1$

对于总体的中间 50% 部分，我们有：

$$SKS^{(0.25)} = [(Q_C^{(0.75)} - Q_C^{(0.5)})/(Q_R^{(0.75)} - Q_R^{(0.5)})]$$
$$/[(Q_C^{(0.5)} - Q_C^{(0.25)})/(Q_R^{(0.5)} - Q_R^{(0.25)})] - 1$$
$$= [20177/17539]/[14249/8887]$$
$$= [1.150/1.603] - 1$$
$$= -0.283$$

基于模型的偏态变化是：

$$SKS^{(0.25)} = [(\hat{\beta}^{(1-p)} + \hat{\alpha}^{(1-p)} - \hat{\beta}^{(0.5)} - \hat{\alpha}^{(0.5)})/(\hat{\alpha}^{(1-p)} - \hat{\alpha}^{(0.5)})]/$$
$$[(\hat{\beta}^{(0.5)} + \hat{\alpha}^{(0.5)} - \hat{\beta}^{(p)} - \hat{\alpha}^{(p)})/(\hat{\alpha}^{(0.5)} - \hat{\alpha}^{(p)})] - 1$$

对于总体的中间 50% 部分，我们有：

$$SKS^{(0.25)} = [(\hat{\beta}^{(0.75)} + \hat{\alpha}^{(0.5)} - \hat{\beta}^{(0.5)} - \hat{\alpha}^{(0.5)})/(\hat{\alpha}^{(0.75)} - \hat{\alpha}^{(0.5)})]/$$
$$[(\hat{\beta}^{(0.5)} + \hat{\alpha}^{(0.5)} - \hat{\beta}^{(0.25)} - \hat{\alpha}^{(0.25)})/(\hat{\alpha}^{(0.5)} - \hat{\alpha}^{(0.25)})] - 1$$
$$= [(6598 + 65745 - 4794 - 42176)/(65745 - 42176)]/$$
$$[(4794 + 42176 - 3172 - 24932)/(42176 - 24932)] - 1$$
$$= [25373/23569]/[18886/17244] - 1$$
$$= [1.0771/1.094] - 1$$
$$= -0.016$$

需要注意的是，因为我们求两个比率的比值，所以 SKS 有效地排除了成比例尺度变化的影响。当 $SKS = 0$ 时，表明不存在尺度变化或者成比例的尺度变化。这样, SKS 可以测量在成比例尺度变化之上和之外的偏态程度。SKS < 0 表示由于解释变量的影响而导致右偏程度的减小, SKS > 0 则表明右偏程度的增大。

　　表 5.5 的右边部分(模型部分)展示了教育的估计系数 ($\hat{\beta}$), 典型协变量组的估计常数($\hat{\alpha}$)和基于模型的 SKS。从所有四个被选的 SKS 来看, 教育年限增加 1 年, 会轻微减小右偏程度。变化百分比的减小范围在 -1.6% 和 -4.9% 之间。这些基于模型的估计值远小于基于样本的 SKS, 因为基于模型的教育净效应是来自典型协变量设定的一种变化, 即控制了种族效应。

　　对于白人组而言, 其条件收入的偏态较小(见表 5.6): 总体的中间 50% 部分的 SKS 为 -6.6%, 中间 80% 部分为 -8.5%, 中间 90% 部分为 -8.7%, 而中间 95% 部分则为 -7.6%。它表示相比于总体的中间 50% 部分, 中间 80% 和 90% 部分的右偏程度的减小幅度更大。这一发现表明:白人的中上阶层的收入离散程度要大于黑人的中上阶层。

表 5.6　从黑人到白人收入分布的偏态变化(基于模型)

P	QRM $\hat{\beta}$	QRM $\hat{\alpha}$	SKS^p
0.025	2576	6900	-0.076
0.05	3197	9850	-0.087
0.10	4689	14168	-0.085
0.25	6724	24932	-0.066
0.50	9792	42761	
0.75	12142	65745	
0.90	14049	94496	
0.95	17484	120104	
0.975	22092	150463	

至此,我们已经提出了协变量对因变量不平等程度的影响效应的总体评估方法,当位置、尺度和偏态的变化在统计上显著时,这一方法可检验这些变化的符号的组合情况。一个正向而显著的位置变化表示比较组的中位数高于参照组的中位数。一个正向而显著的尺度变化则表示比较组的离散程度大于参照组的离散程度。并且,一个正向而显著的偏态变化表示比较组的右偏程度比参照组的大。

如果我们将参照组编码为比较组,将比较组编码为参照组,我们会得到三个负的变化值。因此,这些变化的符号组合,我们称之为"同步"(in-sync)变化,使得总体的收入分布更加不平等和底层的收入水平更加集中。当由一个预测变量产生的这三种变化是同步的时候,这一预测变量经由位置和形状变化等两方面加剧了不平等的程度。如果这些变化的符号是不一致的,则说明预测变量对因变量的位置和形状的改变是朝着相反的方向进行的,并且预测变量对因变量不平等程度的总效应被削弱了。我们将这种情况称为"不同步"模式(out of sync)。

表 5.7 总结了我们收入例子的总体估计情况,还包括自举置信区间。如果这一置信区间在 95% 显著水平下包含了 0 值,那么我们就不能确定变化是正向的还是负向的。在表 5.7 中,只有一个变化统计值是不显著的(对于总体的中间 50% 部分的白人 SKS)。

从表 5.7 可以看到,教育年限增加 1 年,导致了正向的位置和尺度变化,以及负向的偏态变化。这一模式是不同步的。相似的,作为白人则导致正向的位置和尺度变化,以及负向的偏态变化,同样表现为不同步模式。因此,这一简单的模型告诉我们,高教育年限和作为白人是与更高的收入中位数和更大的收入离散范围相关联的,而低教育年限和作为黑人的收入分布的偏态程度更大。如果这一简单模型是正确的,则意味着教育和种族差异都不会加剧收入不平等的程度。当通过"同步"或"不同步"的效应来概括 QRM 的估计情况时,这一例子说明了将变量进行分类的价值所在。一旦我们确定了涉及同步性的变量效应,如上述教育和种族变量时,我们就可以相当容易地判断这一变量是否对分布的不平等程度有所贡献。

表 5.7　形状变化的点估计和 95% 置信区间:500 次再抽样自举法

变量	位置 (0.05)	SCS (0.025—0.975)	SKS (0.025—0.975)	SKS (0.05—0.95)	SKS (0.10—0.90)	SKS (0.25—0.75)
收入						
ED	4794	10920	−0.049	−0.046	−0.037	−0.017
下限	4592	10162	−0.056	−0.053	−0.044	−0.028
上限	4966	11794	−0.041	−0.038	−0.029	−0.005
WHITE	9792	19027	−0.079	−0.090	−0.088	−0.067
上限	9474	10602	−0.151	−0.147	−0.152	−0.136
下限	10110	26712	−0.023	−0.037	−0.024	0.005

第 6 节 | 小结

　　本章提出各种方法解释分位数回归模型（QRM）的估计值。除了检验协变量对特定条件分位数的效应外，例如中位数或更低或更高位置的分位数，我们还扩展到关于分布的解释。我们通过例子讲解了 QRM 估计值的图像解释和用QRM 估计值测量形状变化的定量方法，包括位置变化、尺度变化和偏态变化。家庭收入的例子说明我们可以直接利用QRM 的估计值来分析协变量对收入不平等的效应。

　　这一章集中关注对初始单位因变量下的 QRM 的解释。这些解释方法可以直接应用到线性转换的因变量上。然而，为了得到更好的模型拟合，偏态的因变量经常需要进行单调转换。例如，对数转换是右偏分布最常用的一种转换方式。基于因变量的表现形式——是初始尺度还是对数尺度，我们对效应估计值会有不同的解释。另外，因为一个模型的分析方法用在另一个模型上可能是无效的，所以对建模方式的选择十分重要。由于这一原因，我们将在第 6 章集中讨论由因变量的单调转换引出的具体话题。

第 **6** 章

单调转换 QRM 的解释

　　当拟合回归模型时，我们常常对右偏的因变量进行对数转换，以保证模型假设在最低程度上被满足。对数转换是实用的，因为它允许以相对方式对预测变量效应进行解释。相似的，对左偏的因变量取平方形式（或者其他大于 1 的乘方）可使新的分布更加对称。这些非线性的单调转换虽然可以改善模型的拟合程度，但不可以维持原来的分布形状。当模型化与特定协变量的变化量相关联的位置和形状变化时，在初始尺度上分析这些变化比在单调转换尺度上更有意义。因此，为了实现对单调转换后的因变量的 QRM 进行更具实质意义的解释，我们需要从转换尺度系数上获得协变量在初始尺度上的效应。本章将通过对数转换的例子讨论两种可以实现这个目标的方法。这些方法可以应用于因变量的任何单调转换形式。

第 1 节 | 对数尺度上的位置变化

我们首先从位置变化开始。模型化因变量中心位置的一种方法是考虑涉及教育和收入对数的条件均值模型。表 6.1 表明教育水平每增加一年将使条件均值收入提高到 $e^{0.128} = 1.137$ 个单位,即增加 13.7%。表 6.2 中(中间列为 $p = 0.5$)与之相应的中位数拟合模型的系数则为 0.131,这表明教育增加一年将使收入的条件中位数增加到 $e^{0.131} = 1.140$ 个单位,或者增加 14%。按相对值计算,教育效应对条件中位数的影响更强,而以绝对值衡量,教育效应对条件均值的影响更强,正如第 5 章所示的。

表 6.1 对数收入的经典回归估计:教育和种族效应

变 量	系 数
ED	0.128**
	(0.0020)
WHITE	0.332**
	(0.0160)
Constant	10.497**
	(0.0050)

注:括号内为渐近标准误;** $p < 0.01$。

因为增加一个百分比的概念需要详细说明参照组,所以当预测变量是类型变量时,即代表组员身份时,我们要谨慎选择参照类型以方便解释结果。例如,假设我们拟合了一个模型,将收入对数表示为关于种族(黑人/白人)的函数,用 0 表示黑人,1 表示白人。我们的拟合模型 LRM(表 6.1)表明,系数 0.332 表示白人的收入高于黑人的量为 $e^{0.332} = 1.393$,即收入增加了 39.3%。另一方面,如果我们采用相反的编码,用 0 表示白人,1 表示黑人,LRM 的线性同变性质告诉我们,黑人的系数应该为 -0.332。这里,对黑人负向系数的解释并不等同于收入减少 39.3%。相反,这个量会是 $e^{-0.332} = 0.717$,即收入减少 28.3%。这一点在更大数值的系数上将表现得更加明显。例如,在第一个模型中的系数 2,表示白人的收入将比黑人增加 639%,而在第二个模型中,系数则为 -2,意味着黑人的收入比白人减少 86.5%。我们必须记住的是,当因变量进行对数转换后,改变虚拟变量的参照组会产生两种不同的结果:系数改变了符号,而百分比的改变则转化为倒数 $\left(\dfrac{1}{e^2} = \dfrac{1}{7.389} = 0.135 \text{ 和 } 0.135 - 1 = 0.865 \right)$。

第 2 节 ┃ 从对数单位回到初始单位

　　因变量的对数转换提供了一种分析技术和方法，从而获得对数据更好的拟合效应和以相对形式解释估计值。

　　在初始单位上的乘法计算成为对数单位上的加法计算。然而，对数转换后的因变量的线性函数明确说明误差项为可加的而不是可乘的，因此改变了原先误差项的分布。另外，使用对数转换有着明显的缺点，那就是它大大地扭曲了测量单位。在关于不平等的研究中，对数转换的效果是人为地缩小不平等的表现，因为它大大缩短了分布的右尾部分。尤其是因为我们所感兴趣的是估计处于原始单位的因变量在中心位置上的效应，而不是进行过对数转换的因变量在中心位置上的效应。

　　对数转换因变量的位置移动导致了初始单位因变量的分布发生怎样的变化呢？这一答案取决于位置估计值的选择。在条件均值的案例中，对数单位的估计值无法提供关于初始单位下的变化信息，反之亦然。只有线性转换拥有同变性质，这就可以通过一个随机变量的均值来计算其转换后的均值。因为对数转换是非线性的，所以条件均值收入不会是对数收入的条件均值的指数函数，正如我们在第 3 章说明的。实际上，在根据对数收入模型的系数以绝对形式计算协

表 6.2　对数收入的分位数回归估计：教育和种族效应

P	0.05	0.10	0.15	0.20	0.25	0.30	0.35	0.40	0.45	0.50
ED	0.116**	0.131**	0.139**	0.139**	0.140**	0.140**	0.137**	0.136**	0.134**	0.131**
	(0.004)	(0.003)	(0.004)	(0.003)	(0.003)	(0.002)	(0.003)	(0.002)	(0.002)	(0.002)
WHITE	0.429**	0.442**	0.413**	0.399**	0.376**	0.349**	0.346**	0.347**	0.333**	0.323**
	(0.040)	(0.029)	(0.030)	(0.025)	(0.023)	(0.019)	(0.020)	(0.018)	(0.017)	(0.018)
Constant	9.148**	9.494**	9.722**	9.900**	10.048**	10.172**	10.287**	10.391**	10.486**	10.578**
	(0.014)	(0.010)	(0.010)	(0.009)	(0.008)	(0.007)	(0.007)	(0.006)	(0.006)	(0.006)

P	0.55	0.60	0.65	0.70	0.75	0.80	0.85	0.90	0.95
ED	0.128**	0.129**	0.125**	0.124**	0.121**	0.117**	0.116**	0.117**	0.123**
	(0.002)	(0.002)	(0.002)	(0.002)	(0.002)	(0.002)	(0.002)	(0.003)	(0.004)
WHITE	0.303**	0.290**	0.295**	0.280**	0.264**	0.239**	0.231**	0.223**	0.222**
	(0.019)	(0.017)	(0.016)	(0.017)	(0.015)	(0.017)	(0.017)	(0.020)	(0.027)
Constant	10.671**	10.761**	10.851**	10.939**	11.035**	11.140**	11.255**	11.402**	11.629**
	(0.007)	(0.006)	(0.005)	(0.006)	(0.005)	(0.006)	(0.006)	(0.007)	(0.070)

注：括号内为渐近标准误；** $p < 0.01$。

变量效应的过程中,不存在简易或者闭型解的表达式。相比
之下,中位数回归模型则适合得多。对因变量进行单调转换
时,条件中位数亦随之转换。

一般地说,QRM 的单调同变性质保证了对数转换因变
量的条件分位数等同于初始单位因变量的条件分位数的对
数形式。当这一单调同变性质在总体水平上成立时,由于对
数转换形式的非线性特征,将估计值变回原型将复杂得多。
麻烦的是,对于连续型变量,受协变量影响的因变量分位数
的变化比率取决于这一协变量的真实数值。在类型变量的
情况下,组别身份的变化效应同样取决于协变量的数值。无
论在哪种情况下,关于协变量对因变量分位数的影响效应,
我们必须给出一个准确的含义。我们叙述了解决这一问题
的两种方法。第一种需要利用协变量的特定数值,我们称之
为典型设定值(Typical-Setting Effects,TSE)。第二种是均
值效应(Mean Effect,ME),即在总体中所有相关个案上,对
协变量影响条件分位数的效应取平均数。

典型设定值

我们对协变量在绝对形式上影响因变量的效应感兴趣,
而处理的方式是确定协变量在典型设定数值上的效应。一
种相对直接的方法,是将这一典型设定值看做协变量均值的
矢量。如果因变量的均值被表达为协变量的非线性函数,那
么在估计其效应时,这便是一种普遍的做法。[13]

下面,我们以二元协变量的例子解释这一想法。从这
里,你会了解到如何处理多元协变量的情况。用 x 表示一个

连续型协变量(例如,*ED*),*d* 表示一个虚拟变量(例如,*WHITE*)。在本章节的后半部分,我们确定一个特定值 p。在拟合的第 p 分位数回归模型下,我们有:

$$\hat{Q}^{(p)}(\log y \mid x, d) = \hat{\alpha}^{(p)} + \hat{\beta}_x^{(p)} x + \hat{\beta}_d^{(p)} d \qquad [6.1]$$

但是,常数项 $\hat{\alpha}^{(p)}$ 可被解释为在 $x=0$ 和 $d=0$ 的情况下,因变量的第 p 分位数的一个估计值。由于协变量常常是非负的,所以对数值的选择不具有特殊的意义,这使得对 $\hat{\alpha}^{(p)}$ 的解释变得有些无趣。另一方面,如果我们将所有协变量以其均值为中心,然后拟合第 p 分位数回归模型:

$$\hat{Q}^{(p)}(\log y \mid x, d) = \hat{\alpha}^{(p)} + \hat{\beta}_x^{(p)}(x - \bar{x}) + \hat{\beta}_d^{(p)}(d - \bar{d})$$

$$[6.1']$$

这为参数 $\hat{\alpha}^{(p)}$ 提供了有着不同解释的另一个拟合值:对数转换因变量的第 p 分位数在协变量特定数值下的一个估计值。其他拟合系数 $\hat{\beta}_x^{(p)}$ 和 $\hat{\beta}_d^{(p)}$ 在方程 6.1 和方程 6.1′中是相同的。

现在思考一下:当我们修改其中一个协变量模型时,结果会发生什么变化,例如,我们从典型设定中将 x 增加一个单位,并维持其他协变量在它们的均值水平上不变。对数因变量的拟合第 p 分位数等于常数项和协变量 x 系数的和:对于 x,为 $\hat{\alpha} + \hat{\beta}_x$;对于 d,则为 $\hat{\alpha} + \hat{\beta}_d$。

我们希望知道这些改变对初始单位因变量的影响。QRM 的单调同变性质告诉我们,如果我们知道对数单位因变量的分布的分位数,这一分位数的指数形式便是初始单位上的分位数。特别的,在典型设定中(所有协变量取均值),对数单位上的条件分位数的指数转换产生初始单位上的拟合条件分位数：$e^{\hat{a}}$。相似的，在修改的协变量数值下，对数单位拟合的条件分位数的指数转换分别等于 $e^{\hat{a}+\hat{\beta}_x}$ 和 $e^{\hat{a}+\hat{\beta}_d}$。根据协变量的单位变化修正过的条件分位数减去在典型设定下的拟合分位数，将得到该协变量在初始单位上的效应，由协变量均值计算得到：对于 x，为 $e^{\hat{a}+\hat{\beta}_x} - e^{\hat{a}}$；对于 d，则为 $e^{\hat{a}+\hat{\beta}_d} - e^{\hat{a}}$。照这样，我们可获得协变量在因变量的任意条件第 p 分位数的效应。

为了理解协变量对因变量的潜在影响，我们最好将对数单位系数转换回初始单位系数。如果我们打算使用渐近方法，我们必须采用 delta 方法（delta method），而且如果没有封闭解，求解过程将会十分复杂。使用分析方法来推断这些值是不切实际的。相反，我们采用灵活的自举法（在第 5 章所描述的）来获得这些值的标准误和置信区间。

表 6.3 的上半部分（TSE）展示了绝对形式下的 ED 和 $WHITE$ 对收入的典型设定效应，由所有协变量的均值计算得到，和通过自举法估计得到的 95％ 置信区间。对于中位数而言，当种族在平均值处保持不变时，在总体的教育平均水平之上增加 1 年，将使收入增长 5519 美元。将组别身份由黑人换成白人，保持教育在平均值处不变，将带来 15051 美元的收入增长。教育和种族的典型设定效应在低尾处比在上尾处更弱。这些效应比表 5.1 的结果（初始单位收入的拟合）更大。需要注意的是，收入模型和对数收入模型是从不同的拟合方式而得到的两种不同的模型。同样，典型设定效应的估计是基于协变量的均值，然而从拟合初始单位收入得来的系数适用于协变量的所有设定。

表 6.3　对数收入 QRM 在典型设定效应和均值效应下的
点估计和 95%置信区间(500 次再抽样自举法)

	ED			WHITE		
	效应	CI 下限	CI 上限	效应	CI 下限	CI 上限
典型设定效应						
0.025	660	530	821	4457	3405	6536
0.05	1157	1015	1291	4978	4208	6400
0.10	1866	1747	1977	7417	6062	8533
0.15	2486	2317	2634	8476	7210	9951
0.25	3477	3323	3648	10609	8839	12378
0.50	5519	5314	5722	15051	12823	17075
0.75	7992	7655	8277	18788	15669	21647
0.85	9519	9076	9910	19891	16801	22938
0.90	11108	10593	11676	22733	18468	27444
0.95	14765	13677	15662	28131	21181	34294
0.975	18535	19973	19706	41714	33344	51297
均值效应						
0.025	697	554	887	2719	2243	3424
0.05	1241	1073	1396	3276	2875	3868
0.10	2028	1887	2163	4792	4148	5284
0.15	2717	2514	2903	5613	5007	6282
0.25	3799	3620	4008	7228	6343	8089
0.50	5965	5716	6203	10746	9528	11832
0.75	8524	8114	8865	14141	12162	15858
0.85	10082	9581	10559	15429	13362	17329
0.90	11772	11157	12478	17664	14900	20491
0.95	15754	14476	16810	21875	17207	25839
0.975	19836	18007	21235	31419	26192	37014

均值效应

典型设定方法简单易行,而且提供了关于协变量单位变
化对因变量的影响效应的信息。然而,它仅仅考虑到协变量
均值的改变所带来的效应。由于这一效应在协变量数值范

围内会发生变化,对特定数值的使用可能会导致事实的歪曲。因此,我们引进另一种可能的方法,即从相反的顺序取平均值:首先计算对于协变量每一个可能的取值,协变量单位变化的效应,然后对数据中所有协变量数值的效应取平均值。当因变量的分位数函数以非线性的形式依赖于协变量时,我们打算使用以上方法,例如,在方程 6.1 和方程 6.1′ 中,$\log(y)$ 被表达为协变量的一个线性函数。相反,如果分位数函数是协变量的一个线性函数,那么这两种取均值的方法会产生相同的结果。

对于一个连续型协变量 x 和任意 p,我们问:如果他/她的 x 增加一个单位,其他协变量保持不变时,一个(随机)个案的第 p 条件分位数会改变多少?然后,我们对参照总体中的所有个体的改变量取均值。继续以二元协变量的模型为例,我们可以确定由于 x 的单位增量而带来的分位数变化为:

$$\Delta Q_x^{(p)} = \hat{Q}^{(p)}(y \mid x+1,\, d) - \hat{Q}^{(p)}(y \mid x,\, d) \quad [6.2]$$

并且平均的分位数变化等于 x 的单位增量在 p 上的均值效应,由 $ME_x^{(p)}$ 表示:

$$ME_x^{(p)} = \frac{1}{n} \sum_{i=1}^{n} \left[\hat{Q}^{(p)}(y_i \mid x_i+1,\, d_i) - \hat{Q}^{(p)}(y_i \mid x_i,\, d_i) \right]$$

$$[6.3]$$

在我们的模型,即对数收入关于教育和种族的函数中,教育是一个定距变量。计算方程 6.3 要求:

(1) 通过 $\hat{Q}^{(p)}(y_i \mid x_i,\, d_i) = e^{\hat{\alpha}^{(p)} + \hat{\beta}_x^{(p)} x_i + \hat{\beta}_d^{(p)} d_i}$,计算得

到每个个案被估计的第 p 条件分位数；

(2) 通过 $\hat{Q}^{(p)}(y_i \mid x_i+1, d_i) = e^{\hat{\alpha}^{(p)}+\hat{\beta}_x^{(p)}(x_i+1)+\hat{\beta}_d^{(p)}d_i}$，计算得到相应的第 p 条件分位数，如果他/她的教育年限增加一年；

(3) 求这两项的差；

(4) 对这些差取平均值。

对于一个二分协变量，我们希望知道条件分位数的变化，当个体将他/她的组别身份从 $d=0$ 换成 $d=1$ 时，保持其他协变量固定不变。在这种情况下，只有当 $d=0$ 的子群体是相关的，因为将其他组别包括进来将同时改变其他协变量。这样，对于二分 d 而言，分位数的差异便是：

$$\Delta Q_{d, 0, 1}^{(p)} = \hat{Q}^{(p)}(y \mid x, 1) - \hat{Q}^{(p)}(y) \qquad [6.4]$$

并且 d 的均值效应，表示为 $ME_{d, 0, 1}^{(p)}$，等于：

$$ME_{d, 0, 1}^{(p)} = \frac{1}{n_0} \sum_{i: d_i = 0} \left[\hat{Q}^{(p)}(y_i \mid x_i, 1) - \hat{Q}^{(p)}(y_i \mid x_i, 0) \right]$$

$$[6.5]$$

这里 n_0 表示样本中 $d_i = 0$ 的个案数量。

在我们的例子中，*WHITE* 是一个虚拟变量。计算将被限制在样本的黑人（*WHITE* $= 0$）。步骤是：

(1) 通过 $\hat{Q}^{(p)}(y_i \mid x_i, d_i = 0) = e^{\hat{\alpha}^{(p)}+\hat{\beta}_x^{(p)}x_i}$，计算得到每个黑人的第 p 条件分位数；

(2) 通过 $\hat{Q}^{(p)}(y_i \mid x_i, d_i = 1) = e^{\hat{\alpha}^{(p)}+\hat{\beta}_x^{(p)}x_i+\hat{\beta}_s^{(p)}}$，计算得到相应的第 p 条件分位数，如果黑人变成了白人；

（3）求这两项的差；

（4）对这些差取平均值。

表 6.3 的下半部分（ME）展示了教育和种族的均值效应及它们的 95％ 置信区间。*ED* 和 *WHITE* 的效应都随着 p 增加。教育效应的大小与典型设定效应相似。然而，*WHITE* 的均值效应随 p 的变化比典型设定效应要广阔得多。

极微效应

对于上述描述的典型设定效应和均值效应这两种方法，我们通过协变量的单位变化来量化它对因变量的效应。当因变量的分位数函数是协变量的一个非线性函数时，这两种方法都是为应付这种情况而设计的。一般而言，这种计算得到的效应并不与单位的大小成比例。例如，教育的单位可以是半年而不是一整年，并且教育年限增加半年的效应并不等于增加一整年教育效应的一半。另外，一些协变量可以被看做完全连续的。例如，在健康状况的研究中，我们可以将收入看做一个协变量。

一种替代性方法是考虑协变量影响分位数的极微小的变化比率，那就是，通过导数代替有限的差异。例如，假设我们方程 6.1 的一个模型，给出 $\hat{Q}^{(p)}(y \mid x, d) = e^{\hat{\alpha}^{(p)} + \hat{\beta}_x^{(p)}(x - \bar{x}) + \hat{\beta}_d^{(p)}(d - \bar{d})}$，我们有：

$$\frac{d}{dx} \hat{Q}^{(p)}(y \mid x, d) = \hat{\beta}_x^{(p)} e^{\hat{\alpha}^{(p)} + \hat{\beta}_x^{(p)}(x - \bar{x}) + \hat{\beta}_d^{(p)}(d - \bar{d})}$$

因此，使 $x = \bar{x}$ 和 $d = \bar{d}$，典型设定效应的相似体则变成 $\dfrac{d}{dx}\hat{Q}^{(p)}(y \mid x, d) = \hat{\beta}_x^{(p)} e^{\hat{\alpha}^{(p)}}$。相似的，均值效应的相似体的形式为：

$$ME_x^{(p)} = \frac{1}{n} \sum_{i=1}^{n} \frac{d}{dx}\hat{Q}^{(p)}(y \mid x_i, d_i)$$

$$= \frac{1}{n} \sum_{i=1}^{n} \hat{\beta}_x^{(p)} e^{\hat{\alpha} + \hat{\beta}_x^{(p)}(x_i - \bar{x}) + \hat{\beta}_d^{(p)}(d_i - \bar{d})}$$

第 3 节 | 对数单位系数的图解

图 6.1 是对数单位系数的图解，分别展示了对数收入 QRM 中教育（*ED*）、白人（*WHITE*）及其常数的曲线。在图 6.1 中，典型设定下对数收入的条件分位数函数拥有类似于正态分布的分布形状，因为其中位数以上和以下的斜率是相近的。这一发现表明对收入作对数转换缩短了右尾分布，使得经过转换的分布接近于正态分布。由于对数系数可被理解为百分比的改变，一条水平直线应该表明不发生偏态变化情况下的纯单位转变。任何非水平的曲线要么表示偏态变化，要么表示纯位置变化，但它无法告诉我们确切的是哪一种变化。我们观察到 *ED* 和 *WHITE* 曲线是非水平的，所以我们知道它们的效应不纯粹是单位的改变。

然而，我们并不确定这些曲线是表示纯位置的变化还是意味着另外的偏态变化。如果非水平曲线的不确定性是基于对数单位系数的，那么在初始单位上重新计算协变量的效应来分析形状的变化便十分重要。相比之下，基于绝对效应的曲线图可以告诉我们，协变量是否同时导致位置和单位的变化，以及是否会引起偏态变化。例如，采用典型设置效应（TSE），我们可以检视协变量在改变因变量形状方面的作用。

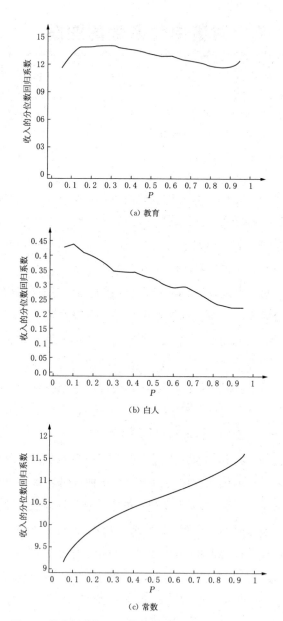

（a）教育

（b）白人

（c）常数

图 6.1 从收入对数 QRM 得到的对数 R 度估计的图形显示

　　为了同时捕捉位置和单位的变化,图 6.2 展示了对数收入 QRM 中绝对形式下的 *ED* 和 *WHITE* 的 TSE 以及它们的置信封闭闭。TSE 的图像形状与图 5.1 的十分相似。*ED* 和 *WHITE* 都对位置变化、单位变化和可能存在的偏态变化有影响。

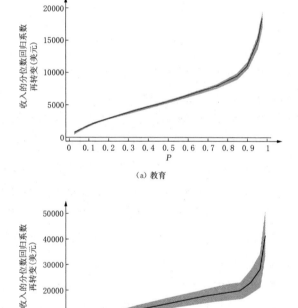

图 6.2　从收入对数 QRM 得到的 TSE(绝对数)的图形显示

第 4 节 │ 从对数单位拟合
测量形状变化

　　因为在初始单位下我们更容易解释形状变化,所以最佳的方法是从对数单位系数中计算初始单位下的形状变化。根据单位变化方程 5.1 和偏态变化方程 5.2,参照组的尺度和偏态情况是进行比较所必须的。当对初始单位的因变量进行拟合时,这些系数就失去了任何参照。然而,当对对数单位的因变量进行拟合时,协变量的数值变化所带来的效应是与不同的参照组相关联的。因此,当对对数单位的因变量进行拟合时,我们需要一个固定的参照组,以便理解形状的变化情况。典型设定效应可以很好地达到这一目标。将表 6.3 的 TSE 结果代入方程 5.1 和方程 5.2 中,我们通过自举再抽样样本计算出尺度变化、偏态变化和它们的置信封闭间,如表 6.4 上半部分所示。ED 和 $WHITE$ 在 $Q_{0.025}$ 到 $Q_{0.975}$ 的范围内都具有正向的尺度变化效应,和在 $Q_{0.25}$ 到 $Q_{0.75}$, $Q_{0.10}$ 到 $Q_{0.90}$, $Q_{0.05}$ 到 $Q_{0.95}$, $Q_{0.025}$ 到 $Q_{0.975}$ 的范围内具有负向的偏态变化效应。而这些测量值的 95% 置信区间表明 ED 和 $WHITE$ 的 SKC 是显著的,但是 ED 在四种分位数差中的 SKC 都是显著的,而 $WHITE$ 只有在两种情况下 SKC 才是显著的。由于这些测量值是在协变量的均值处估计得到的,而且对数收入模型不同于收入模型,所以这些测量值的大小并不等于第 5 章中提到的那些测量值。但是,我们认为:这些变化值的符号和总体的效应模式应该保持一致。不管是对收入还是对数收入进行拟合,与每一个协变量相联系的位置和形状的变化并不是同步的。

表 6.4　对数收入的经典回归估计(教育和种族效应)

变　量	SCS (0.025—0.975)	SKS (0.025—0.975)	SKS (0.05—0.95)	SKS (0.10—0.90)	SKS (0.25—0.75)
典型设定效应					
ED	17861	−0.016	−0.017	−0.025	−0.015
下限	16325	−0.028	−0.029	−0.036	−0.029
下限	19108	−0.006	−0.006	−0.014	0.002
WHITE	37113	−0.010	−0.118	−0.111	−0.090
下限	29014	−0.129	−0.194	−0.193	−0.199
上限	46837	0.054	−0.022	−0.015	0.047
均值效应					
ED	19118	−0.016	−0.014	−0.025	−0.015
下限	17272	−0.028	−0.030	−0.036	−0.029
上限	20592	−0.006	−0.006	−0.014	−0.002
WHITE	28653	−0.046	−0.114	−0.107	−0.084
下限	23501	−0.128	−0.181	−0.175	−0.174
上限	34348	0.042	−0.030	−0.026	0.031

TSE 可以用来直接计算协变量对尺度和偏态变化的效应,而不能计算均值效应。但是,协变量对尺度变化和偏态变化效应的导数与均值效应的导数相似。用 S 表示形状的测量值(尺度或偏态),ΔS 表示形状变化的测量值。对于连续型协变量而言,ΔS 的导数是:

$$\Delta S_x^{(p)} = S^{(p)}(y \mid x+1, d) - S^{(p)}(y \mid x, d) \quad [6.6]$$

而对于二元协变量,则为:

$$\Delta S_{d, 0, 1}^{(p)} = S^{(p)}(y, d = 1) - S^{(p)}(y, d = 0) \qquad [6.7]$$

对条件分位数的均值效应采取相同的步骤,我们可以从对数收入 QRM 中计算尺度变化和偏态变化的均值效应(见表 6.4 的下半部分)。教育年限增加一年导致正向的尺度变化,这与基于 TSE 的效果相似。$WHITE$ 对尺度变化有正向效应,而且它的大小比基于 TSE 的效应要大。而在 ME 和 TSE 之间,教育和种族对偏态变化的效应是非常相似的。ME 下的总体的效应模式也不是同步的,这和 TSE 的情况相同。

第 5 节 ┃ 小结

本章讨论了 QRM 中由于因变量的非线性单调转换而出现的解释问题。由于 QRM 的单调同变性，我们得以重新计算基于因变量分布的初始单位之上的协变量效应，而这在 LRM 中是不可获得的。虽然如此，这一重新计算需要特殊的方法。本章提出了两种方法。典型设定方法在计算上相对简单，而均值效应方法则稍微复杂一些。两种方法都涉及对协变量数值取平均数，但以不同的规则进行。典型设定效应和均值效应都是在谈论整个样本或子样本。研究者应该选择最适合特定研究问题的方法。

下一章提供了本书所介绍的技术的一个总结，通过将它们应用到真实的研究问题中来阐述。在应用中，我们比较了 1991 年和 2001 年美国收入不平等的来源，讲述了采用 QR 分析的动机和怎么按步骤进行，并给出了全面的 Stata 命令。

第 7 章

实例：1991 年和 2001 年的收入不平等

　　在前面章节中使用的实证说明只限制在一个或两个协变量例子上。本章将本书的技术应用在一个特别议题上：从1991年到2001年间家庭收入不平等的持续和扩大。我们的目标是通过具体的实证例子系统地概括本书发展出的统计技术。我们从美国"收入和项目参与调查（SIPP）"中提取1991年的数据，并将之合并到之前使用的2001年数据。家庭收入根据2001年固定币值进行了调整。我们明确指定了一个精简模型，即家庭收入是五大因素（13个协变量）的一个函数：生命周期（年龄和年龄的平方），种族/民族（白人、黑人、西班牙人和亚洲人），教育（大学毕业，大学未毕业，高中毕业和非高中学历），家庭类型（有子女的已婚夫妇、没有子女的已婚夫妇、有子女的单亲母亲、单身和其他），农村居民。以上的说明将在本章中用到。并且我们同时拟合初始单位收入模型和对数转换收入模型。分析包括：（1）分别评估初始单位收入和对数单位收入两种模型的拟合优度；（2）比较一般最小二乘法和中位数回归的估计值；（3）对系数进行双尾检验；（4）用图像展示19组系数估计值及其置信区间；并且（5）对每一年获得每一个协变量对条件分位数的位置和形状变化的影响效应，并检验年代的发展趋势。

第 1 节 ｜ 观察到的收入差别

图 7.1 描述了种族/民族组和教育组在 1991 年和 2001
年的 99 个实际的分位数。其中最有趣的特征是与 1991 年
相比，2001 年每组中间的 98％成员的收入分散更广。

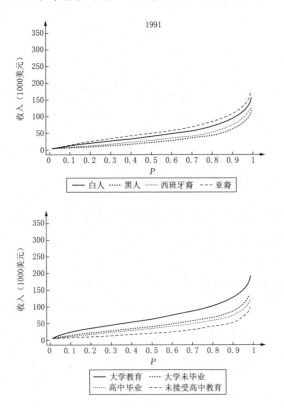

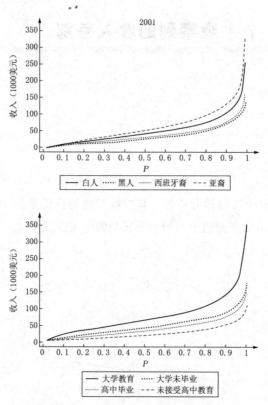

图 7.1　分种族和教育程度的经验分位数函数

　　更详细的比较需要分位数的确切数值。表 7.1 比较了在 1991 年和 2001 年第 0.025 分位数,中位数和第 0.975 分位数的家庭收入(以 2001 年固定币值计算),并对这些数值赋权,以反映总体情况。观察到的总体和每个组别的共同特征是:相比于 1991 年,2001 年的中间 95% 家庭的离散程度($QSC_{0.025}$)更大,这表明在这 10 年中收入的总体差别和组内差别在增大。

表 7.1 家庭收入的组别分布情况（1991 年和 2001 年）

	分位数					
	1991			2001		
	0.025	0.500	0.975	0.025	0.500	0.975
总体	6256	38324	131352	6000	40212	164323
种族/民族						
白人	6765	40949	135443	6600	42878	172784
黑人	3773	23624	101160	3788	27858	113124
西班牙人	5342	28851	114138	5600	33144	119454
亚洲人	5241	49354	149357	4800	55286	211112
教育						
大学毕业	11196	64688	168912	10910	65298	263796
大学未毕业	8059	42082	120316	6364	41901	134796
高中毕业	6392	35723	104102	5347	33246	118162
高中以下	4918	20827	80603	4408	20319	79515
家庭类型						
已婚有子女	12896	55653	143343	14193	61636	204608
已婚无子女	11621	43473	146580	10860	47665	176375
单亲母亲	3666	23420	94114	3653	27690	96650
单身	4884	20906	83213	3977	21369	91551
其他类型	7301	37896	115069	6600	41580	150123
居住地						
城市	6330	40732	137574	6199	42504	174733
农村	6122	32874	111891	5419	33505	118079

在过去的 10 年里，白人和其他种族的差别在收入分布的下半部分缩小了。这一缩小可以被看做白人家庭的第 0.025 分位数收入的减少，相比之下，黑人和西班牙人的收入相应得到适度的增长。在中位数和第 0.975 分位数收入处，亚洲人的收入比白人增长得更快，但底端 2.5％的亚洲家庭收入落后于白人家庭。

收入不平等的一个重要变化是教育对顶端部分的回报。当大多数大学毕业生在过去 10 年里获得了丰厚的收入时，一半以上的非大学毕业生觉得他们的收入实际上在下降。特别的，相对于 1991 年的高中辍学者，2001 年，超过 97.5％的高中辍学者的收入显著下降了。

对家庭类型的考虑——由婚姻状况和子女数量来定义——让我们转向另一个社会分层重新塑造收入分布的领域。有子女的已婚夫妇收入在增加，而单亲母亲家庭和单身家庭的收入变化不大。城市和农村之间的不平等及它们内部的不平等在这 10 年里得到了强化。

第 2 节 | 描述统计值

表 7.2 展示了分析中各个协变量的加权平均数和标准差。我们发现：从 1991 年到 2001 年间的平均收入几乎增长了 5000 美元，这一增长幅度大于之前表格中观察到的中位数收入的增长。对数收入的小幅增长提醒我们：对数转换缩短了分布的右尾。我们发现：种族/民族结构有着更大的差异，而总体教育水平则出现了大幅提高。然而，有子女的已婚夫妇家庭数量减少了，而其他类型家庭和单身家庭的数量相应增加了。正如在过去 10 年中所见的，美国继续着城市化和市郊化的进程。

表 7.2　变量的描述性统计值

变　量	1991 年		2001 年	
	均　值	标准差	均　值	标准差
因变量				
收入（美元）	46168	33858	51460	46111
对数收入	10.451	0.843	10.506	0.909
年龄	49	17	49	17
年龄平方	2652	1798	2700	1786
协变量				
种族/民族				
白人	0.795	0.404	0.755	0.430
黑人	0.101	0.301	0.094	0.292

续表

变　量	1991 年		2001 年	
	均　值	标准差	均　值	标准差
西班牙人	0.079	0.269	0.094	0.292
亚洲人	0.025	0.157	0.033	0.177
教育				
大学毕业	0.230	0.421	0.261	0.439
大学未毕业	0.210	0.407	0.296	0.457
高中毕业	0.341	0.474	0.302	0.459
高中以下	0.219	0.414	0.141	0.348
家庭类型				
已婚有子女	0.330	0.470	0.287	0.452
已婚无子女	0.224	0.417	0.233	0.423
单亲母亲	0.108	0.310	0.104	0.305
单身	0.257	0.437	0.267	0.442
其他类型	0.082	0.274	0.110	0.313
居住地				
城市	0.732	0.443	0.773	0.419
农村	0.268	0.443	0.227	0.419

第 3 节 | 收入调查数据记录

收入调查数据的两个特征——只有 0.2％家庭的收入超过 100 万美元，而超过总体 96％的家庭收入低于 10 万美元，使得 QRM 方法在分析上优于 LRM 方法。因此，特别富有的家庭的数据会严重影响 OLS 的系数估计。第二，收入调查对每项收入资料通常进行顶端编码（top-coded）；因此，我们不能直接确定家庭总收入在哪个水平上被删截。另外，不同年份的调查可能使用不同的顶端编码标准，这导致在清理不同年份的数据以用于比较时十分麻烦。分位数回归模型并不需要考虑这些问题，因为 QRM 具有在第 3 章描述的稳健特性。在这个例子中，我们选择两个极端点，第 0.025 和第 0.975 分位数，这样集中于对总体中间 95％个案进行建模。由于采用顶端编码的数据点对于拟合的第 0.975QRM 而言，倾向于出现正残差，而替代通过顶端编码得到的那些（未知）收入数值对 QRM 估计值的影响效应倾向于最小值。这简化了数据处理，因为我们可以分析调查到的所有数据点，不管是否被进行顶端编码。

综观这个例子，每个协变量向其中位数集中。因此，收入 OLS 回归中的常数项表示总体收入的均值，而对数收入 OLS 回归的常数项则表示对数收入的均值。对建立在中心化协变量之上的 QRM 拟合模型而言，收入分位数回归的常数项表示在典型设定效应下的收入的条件分位数，而对数收入分位数回归的常数项则表示在典型设定效应下的对数收入的条件分位数。

第 4 节 ｜ 拟合优度

因为 QRM 不再作出线性回归的假设，所以初始单位收入可以不经过转换而直接使用。然而，如果对数转换可以提供更好的拟合模型，我们也愿意进行转换。因此，我们对收入方程和对数收入方程的拟合优度进行了比较。通过 Stata 的"qreg"命令，我们分别在 19 个等距分位数处拟合不同的 QRM（总共有 $2 \times 19 = 38$ 种拟合情况）。尽管 qreg 命令可以产生渐近的标准误（可能是有偏的），但我们只对拟合优度统计值 QRM Rs 感兴趣。表 7.3 分别展示了初始和对数单位因变量的 QRM Rs（见第 5 章的定义）。

表 7.3　拟合优度：初始单位与对数收入的 QRM

| 分位数 | 1991 年 | | | 2001 年 | | |
| | 收入 | 对数收入 | 差异 | 收入 | 对数收入 | 差异 |
	(1)	(2)	(2)−(1)	(1)	(2)	(2)−(1)
0.05	0.110	0.218	0.109	0.093	0.194	0.101
0.10	0.155	0.264	0.109	0.130	0.237	0.107
0.15	0.181	0.281	0.099	0.154	0.255	0.101
0.20	0.198	0.286	0.088	0.173	0.265	0.091
0.25	0.212	0.290	0.078	0.188	0.270	0.083
0.30	0.224	0.290	0.067	0.200	0.274	0.074
0.35	0.233	0.290	0.057	0.209	0.275	0.066
0.40	0.242	0.289	0.048	0.218	0.277	0.059

分位数	1991 年			2001 年		
	收入	对数收入	差异	收入	对数收入	差异
	(1)	(2)	(2)—(1)	(1)	(2)	(2)—(1)
0.45	0.249	0.288	0.039	0.225	0.276	0.051
0.50	0.256	0.286	0.029	0.231	0.275	0.044
0.55	0.264	0.282	0.019	0.236	0.273	0.037
0.60	0.270	0.279	0.009	0.240	0.270	0.030
0.65	0.275	0.275	—0.001	0.243	0.266	0.023
0.70	0.280	0.270	—0.010	0.246	0.262	0.015
0.75	0.285	0.264	—0.021	0.249	0.256	0.008
0.80	0.291	0.258	—0.032	0.249	0.250	0.000
0.85	0.296	0.250	—0.047	0.250	0.242	—0.008
0.90	0.298	0.237	—0.061	0.252	0.233	—0.019
0.95	0.293	0.213	—0.080	0.258	0.222	—0.036

一般而言,相对于初始单位,对数转换会导致对数据更好的模型拟合。从 1991 年的数据来看,在 $0 < p < 0.65$ 时,对数收入的 R 会更高:将近 19 个分位数的 2/3 获得了更优的拟合。对 2001 年的数据来说,在 $0 < p < 0.85$ 时,对数收入的 R 更高,表明对 2001 年数据采用对数转换比 1991 年数据具有更强的说服力。然而,对数单位下对上尾部分的拟合并不好。如果我们主要关心上尾部分的变化和分层,应该使用初始单位收入。出于这个原因,我们将讲述两种单位下的分析情况。

第 5 节 │ 条件均值回归与 条件中位数回归

　　我们对条件中位数进行建模,是为了展示收入的中心位置与协变量的关系。相反,条件均值模型(如 OLS)估计的条件均值倾向于捕捉收入分布(右偏)的上尾情况。而中位数回归是通过使用 Stata 的"qreg"命令而获得的。这一命令同样被用在初始样本的 500 个自举样本上,以获得自举标准误(见附录 2 中关于计算的 Stata 命令)。

　　表 7.4 列出了 2001 年初始单位和对数单位收入的 OLS 估计值和中位数回归估计值。我们期待 OLS 下的效应会强于中位数回归下的效应,因为上尾收入数据对 OLS 系数存在影响。

　　收入方程中的系数是以绝对形式出现的,而对数收入系数则是以相对形式表示。除了一些例外,对数收入下的 OLS 系数的绝对值比对数收入下的中位数回归系数的绝对值大。例如,在 OLS 结果中,相对于白人,黑人的条件均值收入下降了 $100(e^{-0.274}-1)=-24\%$;但这一降幅在中位数回归结果中则是 $100(e^{-0.2497}-1)=-22\%$。换言之,当控制了其他效应后,黑人的均值收入比白人的低 24%,而黑人的中位数收入比白人的低 22%,请注意:我们可以在绝对形式下确定黑人对条件中位数的效应,因为 QRM 具有单调同变性质;但我们无法通过条件均值的对数单位估计值得到绝对效应,因为 LRM 并不具备单调同变性质。稍后,我们将转向从对数收入方程估计值中获取绝对形式下的效应。

表 7.4　OLS 和中位数回归(2001 年的初始和对数收入)

变　量	OLS		中位数	
	系　数	标准误	系　数	标准误
收入				
年龄	2191	(84.1)	1491	(51.4)
年龄平方	−22	(0.8)	−15	(0.5)
黑人	−9800	(742.9)	−7515	(420.7)
西班牙人	−9221	(859.3)	−7620	(551.3)
亚洲人	−764	(1369.3)	−3080	(1347.9)
大学未毕业	−24966	(643.7)	−18551	(612.5)
高中毕业	−32281	(647.4)	−24939	(585.6)
高中以下	−38817	(830.0)	−30335	(616.4)
已婚无子女	−11227	(698.5)	−11505	(559.6)
单亲母亲	−28697	(851.1)	−25887	(580.2)
单身	−37780	(684.3)	−32012	(504.8)
其他类型	−14256	(837.3)	−13588	(672.8)
农村	−10391	(560.7)	−6693	(344.1)
常数	50431	(235.2)	43627	(185.5)
对数收入				
年龄	0.0500	(0.0016)	0.0515	(0.0016)
年龄平方	−0.0005	(0.00002)	−0.0005	(0.00001)
黑人	−0.2740	(0.0140)	−0.2497	(0.0145)
西班牙人	−0.1665	(0.0162)	−0.1840	(0.0185)
亚洲人	−0.1371	(0.0258)	−0.0841	(0.0340)
大学未毕业	−0.3744	(0.0121)	−0.3407	(0.0122)
高中毕业	−0.5593	(0.0122)	−0.5244	(0.0123)
高中以下	−0.8283	(0.0156)	−0.8011	(0.0177)
已婚无子女	−0.1859	(0.0132)	−0.1452	(0.0124)
单亲母亲	−0.6579	(0.0160)	−0.6214	(0.0167)
单身	−0.9392	(0.0129)	−0.8462	(0.0136)
其他类型	−0.2631	(0.0158)	−0.2307	(0.0166)
农村	−0.1980	(0.0106)	−0.1944	(0.0100)
常数	10.4807	(0.0044)	10.5441	(0.0045)

第 6 节 | 收入和对数收入方程中 QRM 估计值的图像化

QRM 与 LRM 重要的不同在于:QRM 估计了多组分位数系数。我们使用 Stata 的"sqreg"命令,同时拟合 QRM 的 19 个等距分位数(第 0.05,···,第 0.95)。"sqreg"命令采用自举方法估计这些系数的标准误。我们确定了 500 个复制样本以保证自举样本足够大,以得到稳定的标准误和 95% 置信区间估计值。"sqreg"命令没有从每一次自举中保存估计值,而仅仅展示了结果的摘要。我们对初始单位收入和对数转换收入都进行自举抽样。从"sqreg"得到的结果用于系数的图像展示。

使用如此多的估计值,导致了在复杂性和简约性之间的权衡考虑。一方面,众多的参数估计值可以捕捉到分布形状复杂而细微的变化,而这正是使用 QRM 的一大优势。另一方面,这种复杂并不是没有代价的,因为我们可能面对解释系数估计值集合的复杂问题。因此,之前备选的 QRM 估计值的图像视角,便成为一个解释 QRM 结果的重要步骤。

我们特别感兴趣的是:协变量效应在不同分位数上是如何变化的。我们根据被估计的 QRM 系数随着 p 的变化情况而绘制的图像,对于突出这些系数的趋势是十分有价值的。

对于初始单位系数,水平线表明系数并不随着 p 变化,因此,协变量的特定变化对因变量分位数的影响效应对所有分位数而言是相同的。换言之,当所有其他协变量保持不变时,这个协变量的变化只引起位置的变化:如果这条直线在水平零直线之上,那么存在正向的变化;如果在水平零直线之下,那么变化是负向的。另一方面,一条非水平直线代表位置和尺度都发生了变化。在这种情况下,位置的变化由中位数处的分位数系数决定:正的中位数系数表明向右的位置变化,负的中位数系数则表明向左的位置变化。一条向上倾斜的直线表明正向的尺度变化(尺度越来越宽)。相反,向下倾斜的直线表明负向的尺度变化(尺度越来越窄)。曲线中任何非直线的形状意味着存在更复杂的形状变化,例如,以偏态变化的形式。然而,这些图像既不提供确切的形状变化的分位数,也不提供它们的统计显著性。稍后,我们将通过形状变化分位数检验它们的显著性。

为了说明如何通过图像化识别位置和形状的变化情况,我们在图 7.2 中仔细检验了年龄对初始单位收入的影响效应。因为系数和置信封闭间都大于 0(那条水平线),年龄对初始单位收入的各种分位数的效应全都是正向和显著的。这些年龄系数形成一条向上倾斜的、近似笔直的线,这表明:年龄的增长使得收入分布的位置向右移动,而且扩大了收入分布的尺度。

图 7.3 的小图展示了初始单位收入的结果。基于自举标准误计算得到的系数点估计和 95% 置信区间在 $p \in (0, 1)$ 范围内被绘制成图像。图中的阴影部分表明:如果它没有穿过零值,那么这个协变量的效应在特定分位数上是显著的。

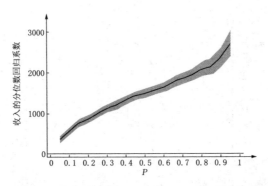

图 7.2　年龄效应：原始尺度的 QRM 系数和 BOOSTRAP 置信区间（2001 年）

例如，亚洲人效应在 $p > 0.45$ 往后处是不显著的，因为置信封闭间在这点之后穿过了 0 点。第 4 章总结了一些基本模式，它提供了关于初始和对数单位系数的位置变化和尺度变化的一些提示。下面将讨论我们的例子中出现的模式。

常数值的图像是关于特定家庭收入的被预测的分位数函数（例如，基于所有协变量的均值而虚构的家庭收入），它将充当参照函数。这一分位数函数表明：对于特定的家庭而言，其收入是一个右偏分布。与没有考虑协变量的影响而从收入数据观察到的偏态程度相比，这一偏态更不明显。在这 13 个协变量中，只有"年龄"具有正效应。总体中间的 70% 个案的估计收入随着年龄的增长而成比例地增加。年龄效应在低尾部分的比率过低，而上尾部分的比率却过高。然而，这种不对称性并不足以得出关于偏态的结论，因为必须考虑基准的偏态程度（由常数项表示）。所有其他协变量的效应都是负的。正如之前提到的，亚洲人效应在条件分布的低尾部分是显著的。这部分的曲线比较平直，表示分布的下半部分仅存在位置变化。另外一些协变量也存在接近平直的

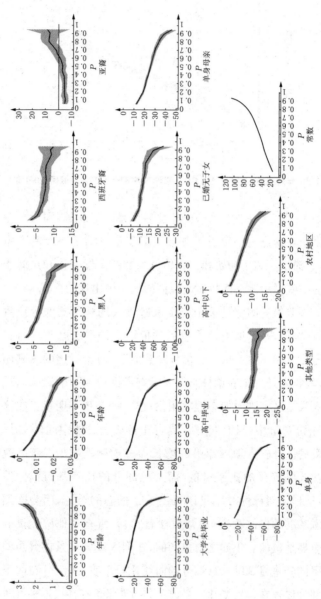

图 7.3　原始尺度的 QRM 系数和 BOOSTRAP 置信区间（2001 年）

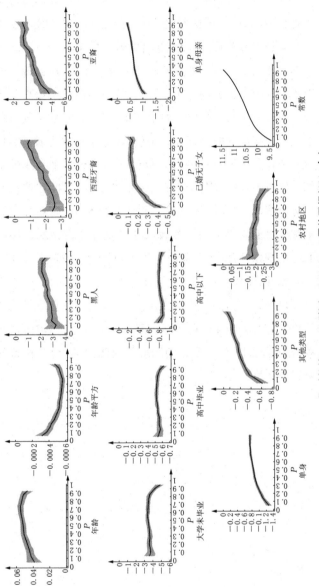

图 7.4 取对数的 QRM 系数和 BOOSTRAP 置信区间（2001 年）

曲线；例如，西班牙裔的收入低于白人，几乎在所有的分位数上都是相似的，这使得曲线是平直的。然而，大多数协变量不仅产生位置变化，而且导致显著的形状变化。

图7.4是关于对数系数的图像。我们发现：对数转换的近似正态性缩短了右偏分布。因此，常数系数的图像类似于正态分布的分位数函数。正如第4章讨论的，对数系数以相对形式模拟成比例的变化；水平直线表示在不改变偏态的情况下的位置变化和尺度变化。解释任何背离水平直线的情况都是比较困难的，因为它可能暗示着位置、尺度和偏态变化的混合情形。另外，因为在对数单位情况下，高端分位数水平直线之上或之下的对数收入的微量变化会造成初始收入的巨大变化，所以在声称曲线为"接近平直"（close-to-flat）时，我们应该谨慎。例如，三个最低教育水平组的曲线相当平直，但我们不会称它们为"接近平直"，因为它们在第0.8分位数之上的上尾部分是明显下降的。简言之，与初始单位系数的图像相比，对数系数的图像是较无效的，而且在解释时要更加谨慎。

第 7 节 | 非中心位置的分位数回归：
绝对效应

图像视角提供了关于协变量影响条件收入分布形状的总的看法。我们现在仔细观察非中心位置的情况，以补充图像视角的不足。我们选择超出图像之外的两个刚刚检验过的极端值：第 0.025 和第 0.975 分位数。为了获得初始单位收入在第 0.025 和第 0.975 分位数回归方程的系数标准误，我们可以用 500 个复制样本的"sqreg"命令，或者手工执行 500 个复制样本的自举法，以保存计算系数估计值的所有 500 组情况。条件形状变化分位数的计算是以涉及这两个分位数估计值（第 0.025 和第 0.975）的每一个自举样本为基础的，所以我们在这里展示的是手工得到的自举结果。在 500 组系数估计值中，我们使用中位数作为点估计值和 95％置信区间。如果这一置信区间没有穿过 0 值，那么这一系数在 $p = 0.05$ 处是显著的。这些结果几乎等同于 sqreg 的结果。

对数收入方程的估计值不是以绝对形式出现的。因为绝对效应对于理解协变量对分布形状的影响作用至关重要，所以我们需要找到绝对效应，这可在典型设定（所有协变量的均值）下计算得到。至于获得初始收入，我们保存了从自举样本中得到的 500 组对数单位系数。对于以自举样

本为基础的估计方法中的每一个协变量,我们进行如下处理:

(1) 通过与常数项相加,获得协变量均值的单位增量下的对数条件分位数。

(2) 分别对对数条件分位数和常数项取指数,获得两个初始单位下的条件分位数。

(3) 求这两个初始单位条件分位数的差,它代表了从典型设定(TSE)中求得的协变量的绝对效应。

表 7.5 展示了收入和对数收入在第 0.025 和第 0.975 分位数处的绝对效应。表 7.5 的上半部分数值来自收入方程。常数项分别表示当所有协变量取均值时第 0.025 和第 0.975 分位的估计值:最低值大约为 1 万美元,最高值大约为 13.7 万美元。

最突出的模式是协变量数值两端的效应存在巨大的差距。例如,黑人的收入在第 0.025 分位数处下降了 1991 美元,而在第 0.975 分位数处则减少了 17380 美元。另外,西班牙人和亚洲人在第 0.025 分位数处相比于白人有显著的较低收入,而在第 0.975 分位数下则不存在差别。

表 7.5 的下半部分展示了基于对数收入方程的典型设定效应(TSE)。常数项表示在典型设定下的第 0.025 和第 0.975 条件分位数。TSE 系数近似于从收入方程估计得到的系数。但它们并不完全相等,因为对数收入模型的拟合优于收入模型,还因为对数收入方程的估计值是在典型设定下求得的。

表 7.5 尾端分位数的绝对效应(2001 年的初始和对数收入)

变　　量	第 0.025 分位数	第 0.975 分位数
	系　　数	系　　数
收入模型		
年龄	248 **	3103 **
年龄平方	−2 **	−29 **
黑人	−1991 **	−17380 **
西班牙人	−2495 **	−7418
亚洲人	−4221 **	16235
大学未毕业	−2607 **	−105858 **
高中毕业	−4332 **	−119924 **
高中以下	−6211 **	−129464 **
已婚无子女	−4761 **	−18878 **
单亲母亲	−10193 **	−50465 **
单身	−12257 **	−78570 **
其他类型	−7734 **	−16876 **
农村	−943 **	−18654 **
常数	10156 **	137561 **
对数收入模型		
年龄	396 **	5409 **
年龄平方	−3 **	−53 **
黑人	−2341 **	−28867 **
西班牙人	−1835 **	−8032
亚洲人	−3259 **	8636
大学未毕业	−1916 **	−49898 **
高中毕业	−2932 **	−57557 **
高中以下	−4095 **	−70006 **
已婚无子女	−3149 **	−12471 **
单亲母亲	−5875 **	−33219 **
单身	−6409 **	−63176 **
其他类型	−4382 **	−5282 **
农村	−938 **	−26742 **
常数	8457 **	115804 **

第 8 节 | 评估影响位置和形状
变化的协变量效应

QRM 估计值可以被用做精确计算协变量是如何改变条件分布的位置和形状的。为了完成这项估计，我们比较两个组：参照组和比较组。在连续型协变量的情况下，当保持其他协变量固定不变时，通过赋予协变量某些数值来定义参照组，而通过增加协变量的一个单位来定义比较组。对于二元协变量而言，在其他协变量保持不变时，我们将其数值从 0 换成 1。为了反映初始单位的分布，所有的比较都在绝对形式下进行。因此，如果使用对数收入回归方程来拟合数据，首先要获得绝对形式下的协变量系数（如之前部分所提到的）。位置的变化可通过中位数的系数得到。而形状（尺度和偏态）的变化则是在多个系数组合的基础上获得的。它们的显著水平可通过自举方法确定。

表 7.6 展示了 1991 年和 2001 年收入模型的结果，位置变化结果在顶部，尺度变化结果在中间，而偏态变化结果在底部。在 1991 年，除亚洲人之外的所有协变量都显著地改变了比较组相对于参照组的位置。其中一些效应从 1991 年到 2001 年发生了明显的变化。亚洲人的位置变化在 1991 年是不显著的，而在 2001 年则显著为负，意味着白人在收入上

相对于少数族裔享受着绝对优势。然而，其他种族/民族组的位置变化是不明显的。年龄的位置变化在 2001 年比 1991 年变得更不重要了。这种情况同样存在于低教育水平上。然而，已婚有子女家庭除外的家庭类型的负向位置变化效应更强，正如农村变量的效应一样。

表 7.6　条件分位数的位置和形状变化：来自初始单位的 QRM

变　　化	1991 年	2001 年
位置变化		
年龄	1801**	1501**
年龄平方	−169**	−149**
黑人	−7878**	−7473**
西班牙人	−8692**	−7616**
亚洲人	−1231	−2850**
大学未毕业	−19173**	−18588**
高中毕业	−25452**	−24926**
高中以下	−32595**	−30345**
已婚无子女	−9562**	−11501**
单亲母亲	−22366**	−25862**
单身	−27866**	−32039**
其他类型	−11716**	−13659**
农村	−5284**	−6698**
尺度变化		
(总体中间的 95%)		
年龄	3393**	2852**
年龄平方	−305**	−272**
黑人	−14617**	−15378**
西班牙人	−3027	−4893
亚洲人	11425	20842
大学未毕业	−34212**	−103245**
高中毕业	−49002**	−115600**
高中以下	−63477**	−123369**
已婚无子女	3708	−14001**
单亲母亲	−9177	−40290**
单身	−32482**	−66374**

变　　化	1991 年	2001 年
其他类型	-8220	$-8819**$
农村	$-9817**$	$-17693**$
偏态变化		
（总体中间的 95%）		
年龄	$-0.0200**$	$-0.0195**$
年龄平方	$0.0003**$	$0.0002**$
黑人	0.0242	0.0713
西班牙人	$0.2374**$	$0.1833**$
亚洲人	0.0395	0.1571
大学未毕业	$0.3524**$	-0.8572
高中毕业	$0.5245**$	-1.0263
高中以下	$0.7447**$	-1.1890
已婚无子女	$0.4344**$	0.1514
单亲母亲	$0.8493**$	$0.3781**$
单身	$0.5229**$	0.2184
其他类型	0.1748	0.1714
农村	0.0446	0.0541

位置变化代表组间差别。正如之前对表 7.4 讨论的，中位数回归系数比 OLS 系数更弱。对于高度右偏的收入分布，中位数回归系数代表中心位置的变化，而 OLS 系数则更多地受到右尾的影响。通过位置变化（中位数回归），我们关于教育组别的发现意味着教育在位置变化方面的效应并不如文献中指出的那样强。对位置变化的影响，或者组间差别，只是 10 年间不平等如何变化这个故事中的一部分；另一部分则是形状变化，或者相对的组内差别。QRM 的优势在于，它们区分了组间和组内的差别，增加了我们对不平等变化的理解。

尺度变化是形状变化的一种类型。在 3 个少数族裔组中，只有黑人的条件收入分布范围比白人的短。黑人中 95%

的收入范围比白人的更窄，意味着黑人群体比白人群体有着更高的同质性，而且种族在决定收入时具有显著性。这一尺度变化在 2001 年变得更大。同样的情况存在于 3 个低教育组别中。教育的尺度变化提供了关于在收入决定因素中教育重要性不断增加的一致的和精确的发现：形状变化而不是位置变化，表明教育的重要性在不断增加。

偏态变化是形状变化的另一种类型。条件分位数偏态程度的增加预示着不平衡的组内差别，有利于分布顶部的成员。1991 年的结果表明：许多处于不利地位的组别都经历了这种不平衡的组内差别，包括西班牙人、3 个低教育水平组和处于劣势的家庭类型（单亲母亲、单身和其他类型家庭）。其中一些组内差异在 2001 年消失了，特别是在教育方面。这一发现进一步反映了社会奖励大学毕业生和限制低教育群体中非常能干者向上流动的机制。

表 7.7 展示了从对数收入模型中求得的初始单位结果。这些结果反映了生命周期中的相同趋势，种族/民族组别、教育组别、家庭类型和农村居住类型。不管拟合的是收入还是对数收入，在每一年和年代的趋势中，位置变化和尺度变化是相似的。偏态变化则存在一些差异。具体来说，2001 年，低教育组的偏态程度显著减小了；但这一发现在对数收入模型上是显著的，而在收入模型上则是不显著的。当检验两种模型（收入和对数收入）的拟合情况时，出现这种矛盾并不奇怪。它们体现了两种根本上不同的模型，其中一种（对数收入）模型的拟合情况更优。另一方面，如果定性的结果是不一样的，这可能说明这些结果是不稳健的。我们需要通过观察协变量影响不平等程度的作用的综合评价，来决定以上情

况是否属实。

表 7.7　条件分位数的位置和形状变化(来自对数单位的 QRM)

变　　化	1991 年	2001 年
位置变化		
年龄	2456**	1994**
年龄平方	−24**	−20**
黑人	−9759**	−8386**
西班牙人	−7645**	−6300**
亚洲人	−1419	−3146**
大学未毕业	−10635**	−11012**
高中毕业	−14476**	−15485**
高中以下	−20891**	−20892**
已婚无子女	−3879**	−5103**
单亲母亲	15815**	−17506**
单身	−19599**	−21658**
其他类型	−6509**	−7734**
农村	−4931**	−6725**
尺度变化		
(总体中间的 95%)		
年龄	4595**	5008**
年龄平方	−41**	−50**
黑人	−17244**	−26509**
西班牙人	−2503	−6017
亚洲人	4290	12705
大学未毕业	−22809**	−47992**
高中毕业	−32675**	−54434**
高中以下	−44457**	−65956**
已婚无子女	77	−9264**
单亲母亲	−10269	−27272**
单身	−32576**	−56791**
其他类型	−7535	−906
农村	−12218**	−25760**
偏态变化		
(总体中间的 95%)		
年龄	−0.0417**	−0.0100
年龄平方	0.0005**	0.0002

续表

变　　化	1991 年	2001 年
黑人	0.1127	−0.0682
西班牙人	0.2745 **	0.1565 **
亚洲人	−0.0383	0.1469
大学未毕业	0.0655	−0.2775 **
高中毕业	0.0934	−0.2027 **
高中以下	0.2742 **	−0.1456 **
已婚无子女	0.0890	−0.0272
单亲母亲	0.5404 **	0.3193 **
单身	0.2805 **	−0.0331
其他类型	0.0164	0.1640 **
农村	0.0012	−0.0740

　　我们发展出对协变量影响不平等程度的作用的综合评价方法，它用于检验位置和形状变化符号的组合情况。

　　我们只考虑显著的变化情况。对于协变量而言，在这三种变化中同步的符号表明协变量加剧了不平等；显著的符号的个数越多，加剧效应就越强。非同步符号则表明协变量可能在增加组别不平等的同时降低了组内不平等，反之亦然。表 7.8 中关于收入模型的左边部分表明：在 1991 年，任何一个协变量对不平等都不具有同步效应，但在 2001 年，许多协变量都具有这一效应。这些同步协变量包括教育组别、家庭类型（单亲母亲除外）和农村居住类型。右边两列展示了对数收入模型的相应结果。我们发现：在综合评价上不存在明显的差别。例如，教育组别在两种模型中的效应模式在 1991年是非同步的，而到 2001 年则转变为同步的。因此，2001 年的美国社会是更加不平等的，而且它的社会分层比 10 年前更多地受教育、婚姻、有否子女和农村居住的影响。

　　在这个例子中，我们使用总体中 95％的个案计算形状变化的分位数。研究者可以根据他们的研究问题定义自己关心的形状变化。它可以将相应的形状变化定为总体中间的99％、98％、90％、80％或者50％部分。我们将这个任务留给读者自己完成。

表 7.8　协变量对不平等程度影响效应的综合评价（系数的同步性模式）

变　　量	收入方程		对数收入方程	
	1991 年	2001 年	1991 年	2001 年
年龄	＋＋－	＋＋－	＋－－	＋＋0
年龄平方	－－＋	－－＋	－－＋	－－0
黑人	－－0	－－0	－－0	－－0
西班牙人	－0＋	－0＋	－0＋	－0＋
亚洲人	000	－00	000	－00
大学未毕业	－－＋	－－0	－－－	－－－
高中毕业	－－＋	－－0	－－－	－－－
高中以下	－－＋	－－0	－－＋	－－－
已婚无子女	－0＋	－－0	－00	－－0
单亲母亲	－0＋	－－＋	－0＋	－－＋
单身	－－＋	－－0	－－＋	－－0
其他类型	－00	－00	－00	－0＋
农村	－－0	－－0	－－0	－－0

第 9 节 ｜ 小结

　　最近 10 年收入不平等维系和扩大的根源是什么？为处理这一研究问题，我们使用了本书发展出的技术。首先，我们用第 2 章介绍的分位数概念进行描述性分析。对收入数据，我们讨论了右偏分布和顶端编码的问题，并解释 QRM 为什么可以和怎样共同解决这些问题。我们的分析按照第 3 章讨论的 6 个步骤进行：定义和拟合模型，评估拟合优度，计算参数的推论统计，图像化系数和它们的置信区间，计算位置和形状变化以及它们的推论统计值。我们分别描述了收入和对数收入模型，特别关注重建初始单位系数。在描述这些步骤的同时，我们通过对结果的解释，展示了用 QRM 技术处理研究问题时所具有的实用性。我们希望关于应用步骤的系统总结为实证研究提供清晰的指导。

附　录

附录 1 │ 证明:解决最小化问题的
中位数和分位数

为了简述起见,我们假设分布函数 F 具有概率密度函数 f。为探讨中位数为什么可被定义为最小化问题,我们可以写成:

$$E \mid Y-m \mid = \int_{-\infty}^{+\infty} \mid y-m \mid f(y)dy$$

$$= \int_{y=-\infty}^{m} \mid y-m \mid f(y)dy + \int_{y=m}^{+\infty} \mid y-m \mid f(y)dy$$

$$= \int_{y=-\infty}^{m} (m-y)f(y)dy + \int_{y=m}^{+\infty} (y-m)f(y)dy$$

$$[A.1]$$

如图 2.7b 所示,方程 A.1 是一个凸函数。实现最小化的解决方法是对 m 求微分并使这一偏导方程等于 0。第一项式的偏导数如下:

$$\frac{\partial}{\partial m} \int_{y=-\infty}^{m} (m-y)f(y)dy = (m-y)f(y) \mid_{y=m}$$

$$+ \int_{y=-\infty}^{m} \frac{\partial}{\partial m}(m-y)f(y)dy$$

$$= \int_{y=-\infty}^{m} f(y)dy = F(m)$$

而第二项式的偏导数如下：

$$\frac{\partial}{\partial m}\int_{y=m}^{+\infty}(y-m)f(y)dy = -\int_{y=m}^{+\infty}f(y)dy = -(1-F(m))$$

合并以上两个偏导数，则有：

$$\frac{\partial}{\partial m}\int_{-\infty}^{+\infty}|y-m|f(y)dy = F(m)-(1-F(m))$$

$$= 2F(m)-1 \qquad [\text{A. 2}]$$

通过设定 $2F(m)-1=0$，我们得到 $F(m)=1/2$，即是中位数，来满足最小化要求。

重复上述关于分位数的计算，与方程 A.2 相对应的分位数偏导数为：

$$\frac{\partial}{\partial q}E[d_p(Y,q)] = (1-p)F(q)-p(1-F(q))$$

$$= F(q)-p \qquad [\text{A. 3}]$$

我们设定偏导数 $F(q)-p=0$ 以得到 $F(q)=p$ 进而满足最小化要求。

附录 2 | STATA 命令

数据: d0.dta 是一个用于分析的 Stata 文件

Ⅰ. 分析初始单位收入的 Stata 命令

第 1 步：拟合优度

```
* q0.do

* a full model

* raw-scale income in $1000

* OLS

* 19 quantiles


tempfile t


use d0


global X age age2 blk hsp asn scl hsg nhs mh fh sg ot rural

* centering covariates

sum $X

tokenize $X

  while '''1 '''~ = ''''{

    egen m = mean ('1 ')

    replace 'lm = '1 '—m

    drop m
```

```
    macro shift
}
sum $X


forvalues k = 1/2 {
reg cinc $X if year = 'k'
}


forvalues i = 1/19 {
local j = 'iS/20
qreg cinc $X if year = 1, q('j') nolog
}


forvalues i = 1/19 {
local j = 'i'/20
qreg cinc $X if year = 2, q('j') nolog
}
```

第 2 步：500 次重复抽样的同时分位数回归（Simultaneous Quantile Regressions）

```
s0. do
full model
* sreq 19 quaniles
* raw-scale income in $1000
analysis for 2001


tempfile t
set matsize 400
```

```
global X age age2 blk hsp asn scl hsg nhs mh fh sg ot rural


use cinc $X year if year = 2 using do, clear
drop year


* centering covariates
sum $X
tokenize $X
  while '''1 '''~ = ''''{
    egen m = mean ('1 ')
    replace '1 ' = '1 '—m
    drop m
    macro shift
}
sum $X


sqreg cinc $X, reps(500) q(.05 .10 .15 .20 .25 .30 .35 .40 .45 .50 .55
.60 .65 .70 .75 .80 .85 .90 .95)
mstore b, from(e(b))
mstore v, from(e(V))
keep age
keep if—n<11
save S0, replace
```

第 3 步:基于 s0. do 的结果创建图表

```
* s_m0 .do
* matrix operation
* 13 covariates + cons
```

```
* graphs for beta 's (19 QR)

* 500 bootstrap se

* analysis for 2001


* for black-white graphs
set scheme s2mono


set matsize 400


* 13 covariate + cons
local k = 14
* k parameters for each of the 19 quantiles
local k1 = 'k ' * 19


use s0, clear


qui mstore b
qui mstore v


* 95 % ci
* dimension 'k 'x 1


mat vv = vecdiag(v)
mat vv = vv '
svmat vv
mat drop vv
qui replace w1 = sqrt(vv1)
mkmat vv1 if _n< = 'k1 ', mat(v)
drop vv1
```

```
mat b = b'
mat 1 = b - 1. 96 * v
mat u = b + 1. 96 * v

* 19 quantiles
mat
q = (0. 05\0. 10\0. 15\0. 20\0. 25\0. 30\0. 35\0. 40\0. 45\0. 50\0. 55\0. 60\
0. 65\0. 70\0. 75\0. 80\0. 85\0. 90\0. 95)

* reorganize matrix by variable

forvalues j = 1/'k'{
forvalues i = 1/19 {
local l = 'k' * ('i' - 1) + 'j'
mat x'j'q'i' = q['i', 1], b['l', 1], l['l', 1], u['l', 1], v['l', 1]
}
}

forvalues j = 1/'k'{
mat x'j' = x'j'q1
forvalues i = 2/19 {
mat x'j' = x'j'\x'j'q'i'
}
* q b l u v
mat list x'j', format( %8.3f)
svmat x'j'

mat a1 = x'j'[1 ..., 2]
mat a2 = x'j1[1 ..., 5]
```

```
mat xx'j' = q, a1, a2
* q b v

mat list xx'j', format( %8.3f)
mat drop a1 a2 xx'j'
}


* graphs using the same scale for categorical covariates
* use age, age-squared and constant as examples
* age
twoway rarea x13 x14 x11, color(gs14) || line x12 x11, lpattern(solid)
yline(0,
lpattern(solid) lwidth(medthick)) ylabel(0 "0" 1 "1000" 2 "2000" 3
"3000")
ytitle(quantile coefficients for income ( $) ) xtitle(p) xlabel(0(.1)1)
legend (off )
graph export g0.ps, as(ps) logo(off) replace


* age2
twoway rarea x23 x24 x21, color(gs14) || line x22 x21, lpattern(solid)
yline(0.
lstyle(foreground) lpattern(solid) lwidth(medthick)) xtitle(p) xlabel
(0(.1)1)
legend(off)
graph export g2.ps, as(ps) logo(off) replace


* constant (the typical setting)
twoway rarea x143 x144 x141, color(gs14) || line x142 x141, lpattern
(solid)
```

```
yline(0, lstyle(foreground) lpattern(solid) lwidth(medthick)) ylabel
(0(20)120)
xlabel(0(.1)1) xtitle(p) legend(off)
graph export gl4.ps, as(ps) logo(off) replace


drop x *
matrix drop _all
```

第 4 步：计算位置和形状变化

```
* e0.do
* full model
* raw-scale income in $1000
* bootstrap
* analysis for 2001


tempfile t


global X age age2 blk hsp asn scl hsg nhs mh fh sg ot rural


use cinc $X year if year = 2 using do, clear
drop year


* centering covariates
sum $X
tokenize $X
  while '''1 '''~ = '''''{
    egen m = mean ('1 ')
replace '1 ' = '1 '—m
```

```
drop m
macro shift
}

sum $X
save 't'
forvalues i = 1/500 {
use 't', clear
bsample
qreg cinc SX, q(.025) nolog
mstore e, from(e(b))
keep if _n<11
keep age
save e0 'i', replace
}
```

[修改 e0. do 中的命令从而生成分析第 0. 5 分位数的 el. do
和分析第 0. 975 分位数的 e2. do]

```
* bs0. do
* location and shape shift quantities
* bootstrap confidence interval
* 3 quantiles (.025, .5, .975)

set matsize 800

* k = # of covariates + cons
local k = 14
```

```
local k1 = 'k '—1

* initial
forvalues j = 0/2 {
use e 'j 'l, clear
qui mstore e
mat ren e e 'j '
}

forvalues j = 0/2 {
forvalues i = 2/500 {
use e 'j ''i ', clear
qui mstore e
mat e 'j ' = e 'j '\e
mat drop e
}

forvalues j = 0/2 {
qui svmat e 'j '
}

* mean of estimate (point estimate)
* percentile-method (95 % ci)
forvhlues j = 0/2 {
forvalues i = 1/'k '{
pctile x = e 'j ''i ', nq(40)
sort x
qui gen x0 = x if _n = 20
qui gen xl = x if _n = 1
```

```
qui gen x2 = x if _n = 39
egen em 'j''i' = max(x0)
egen el 'j''i' = max(x1)
egen eu 'j''i' = max(x2)
drop x xo x1 x2
sum em 'j''i'el 'j''i'eu 'j''i'
}
}


* SCS scale shift
forvalues i = 1/'k1'{
gen scls 'i' = e2 'i' - e0 'i'
pctile x = scls 'i', nq(40)
sort x
qui gen x0 = x if _n = 20
qui gen x1 = x if _n = 1
qui gen x2 = x if —n = 39
egen sclsm 'i' = max(x0)
egen sclsl 'i' = max(x1)
egen sclsu 'i' = max(x2)
drop x x0 x1 x2
sum sclsm 'i'sclsl 'i'sclsu 'i'
}


* SKS skewedness shift
* SKS e2(.975) - e1(.5) and e1(.5) - e0(.025)
* i for covariate, k for constant
forvalues i = 1/'k1'{
gen nu = (e2 'i' + e2 'k' - e1. i' - e1 'k')/(e2 'k' - e1 'k')
```

```
gcn de = (el 'i ' + el 'k ' - e0 'i ' - e0 'k ')/(el 'k ' - e0 'k ')
gcn skls 'i ' = nu/de
drop nu de
pctile x = skls 'i ', nq(40)
sort x
qui gen x0 = x if _n = 20
qui gen xl = x if _n = I
qui gen x2. x if _n = 39
egen sklsm 'i ' = max(x0)
egen sklsl 'i ' = max(xl)
egen sk1eu 'i ' = max(x2)
drop x xo xl x2
sum sklsm 'i 'sklsl 'i 'sklsu 'i '
}
```

Ⅱ. 分析对数单位收入的 Stata 命令

[将初始单位收入替换为对数单位收入,重复第 1、2、3 步]

第 4 步：基于对数收入 QRM 计算初始位置和形状变化

[将 e0. do、el . do 和 e2. do 文件中的初始单位收入替换为对数单位收入]

```
set matsize 800
* k = # of covariates + cons
local k = 14
local kl = 'k ' - 1


* parameter matrix (e0 el e2)
```

```
* initial
forvalues j = 0/2 {
use e 'j '1, clear
qui mstore e
mat ren e e 'j '
}


* 500 reps
forvalues j = 0/2 {
forvalues i = 2/500 {
use e 'j ''i ', clear
qui mstore e
mat e 'j ' = e 'j '\e
mat drop e
}
}


get log conditional quantile
forvalues j = 0/2 {


* dimensions 500 x 14
* c 'j '1 to c 'j '13 are covariates
* c 'j '14 constant


forvalues m = 1/'k '{
mat c 'j ''m ' = e 'j '[1 ... , 'm '1
I
forvalues m = 1/'kl '{
mat c 'j ''m ' = c 'j ''m ' + c 'j ''k '
```

```
}

mat c 'j ' = c 'j '1
mat drop c 'j '1
forvalues m = 2/'k '{
mat c 'j ' = c 'j ', c 'j ''m '
mat drop c 'j ''m '
}


* transform log-scale conditional quantile to raw-scale conditional
quantile
* matrix to var
svmat c 'j '
mat drop c 'j '
forvalues m = 1/'k '{
qui replace c 'j ''m ' = exp(c 'j ''m ')
}


forvalues m = 1/'k1 '{
m i replace c 'j ''m ' = c 'j ''m ' - c 'j ''k '
}


* var to matrix
forvalues m = 1/'k '{
mkmat c 'j ''m ', mat(e 'j ''m ')


}


mat e 'j ' = e 'j '1
```

```
mat drop e'j'1
forvalues m = 2/'k'{
mat e'j' = e'j', e'j''m'
mat drop e'j''m'
}
mstore e'j', from(e'j') replace
}


mat dir
keep age
keep if _n<11
save 1-r, replace


* * *


* bsl.do
* bootstrap method
* location and shape shift quantities
* based on log-to-raw coeff


set matsize 800


* k = # of covariates + cons
local k = 14
local kl = 'k' - 1


use 1 - r


forvalues j = 0/2 {
```

```
qui mstore e'j'
qui svmat e'j'
}


* mean of estimate (point estimate)
* sd of estimates (se)
* percentile-method (95% ci)
forvalues j = 0/2 {
forvalues i = 1/'k'{
pctile x = e'j''i', nq(40)
sort x
qui gen x0 = x if -n = 20
qui gen xl = x if -n = 1
qui gen x2 = x if -n = 39
egen em'j''i' = max(x0)
egen el'j''i' = max(xl)
egen eu'j''i' = max(x2)
drop x xo xl x2
sum em'j''i' el'j''i' eu'j''i'
}
}


* scs scale shift
forvalues i = 1/'kl'{
gen scls'i' = e2'i' - e0'i'
pctile x = scls'i', nq(40)
sort x
qui gen x0 = x if -n = 20
qui gen xl = x if -n = 1
```

```
qui gen x2 = x if - n = 39
egen sclsm 'i ' = max(x0)
egen sclsl 'i ' = max(xl)
egen sclsu 'i ' = max(x2)
drop x xo xl x2
sum sclsm 'i 'sclsl 'i 'sclsu 'i '
}


* SKS skewedness shift
* SKS e2(.975) - el(.5) and el(.S) - e0(.025)
* i for covsriate, k for constant
forvalues i = l/'kl '{
pen nu = (e2 'i ' + e2 'k ' - el 'i ' - el 'k ')/(e2 'k ' - el 'k ')
gen de = (el 'i ' + el 'k ' - e0 'i ' - e0 'k ')/(el 'k ' - e0 'k0)
gen skls 'i ' = nu/de
drop nu de
pctile x = skls 'i ', nq(40)
sort x
qui gen x0 = x if - n = 20
qui gen xl = x if - n = l
qui gen x2 = x if - n = 39
egen sklsm 'i ' = max(x0)
egen sklsl 'i ' = max(xl)
egen sk1su 'i ' = max(x2)
drop x xo xl x2
sum sklsm 'i 'sklsl 'i 'sklsu 'i '
}
```

注释

[1] 为了准确起见，我们假设样本大小是奇数。如果样本大小是偶数的，那么样本中位数则被定义为第 $(n/2)$ 位和第 $\left(\frac{n}{2}+1\right)$ 位顺序统计值的平均值，在修改位于第 $(n/2)$ 位或第 $\left(\frac{n}{2}+1\right)$ 位顺序统计值之上（或之下）的一个数据值同时保持它的相对位置不变时，这一表述依然正确。

[2] 这里用到的数据来自收入与项目参与调查（SIPP）的 2001 年面板数据。家庭收入是指 2001 年的年收入。第 3 章至第 5 章中用到的分析样本包括 19390 户白人家庭和 3243 户黑人家庭。

[3] $Q^{(q)}(y_i \mid x_i) = Q^{(q)}(\beta_0^{(p)} + x_i\beta_1^{(p)} + \epsilon_i^{(p)}) = \beta_0^{(p)} + x_i\beta_1^{(p)} + Q^{(q)}(\epsilon_i^{(p)}) = Q^{(q)}(y_i \mid x_i) + c_{p+q}$。

[4] 然而，不同分位数解决方法的数量受限于有限样本的大小。

[5] 准确地说，百分比的变化是 $100(e^{0.115}-1) = 12.2\%$。

[6] 条件均值是与线性预测变量的指数形式成比例的（Manning, 1998）。例如，如果误差服从正态分布 $N(0, \sigma_\epsilon^2)$，那么 $E(y_i \mid x_i) = e^{\beta_0 + \beta_1 x_i + 0.5\sigma_\epsilon^2}$。$e^{0.5\sigma_\epsilon^2}$ 有时被称为拖尾因子（smearing factor）。

[7] 注意稳健性不适用于协变量的离群值。

[8] 在 QRM 中，我们假设 $\epsilon^{(p)}$ 的第 p 分位数等于 0。

[9] 参照/比较这对术语可见 Handcock & Morris (1999)。

[10] 我们可以谈论增加一年教育的效应，而这对于所有种族和所有教育水平而言是一样的。相似的，从黑人变为白人也存在一种影响效应，对于所有教育水平来说也是相同的。这里存在黑人变为白人的效应，与白人变为黑人的效应相反。对没有交互项的 LRM 的位置效应的分析是十分简单的。当模型引入交互项时，这一分析便变得相当复杂。

[11] 需要注意的是，我们可以指定任何分位数，例如第 0.39 分位数，而不局限在等距分位数上。

[12] 如果估计系数是 $\hat{\beta}$，那么预测变量的单位增量会使因变量增加 $[100(e^{\hat{\beta}}-1)]\%$，对于估计系数 $\hat{\beta}$ 的小数值而言，这大概等于 $100\hat{\beta}\%$。

[13] 这些实践包括从 logit、probit 和 tobit 模型估计对概率的影响效应。

[14] 在线性回归模型中，拟合截距可以理解为因变量 y 的几何均值。几何均值定义为 $\left(\prod_i^n y_i\right)^{\frac{1}{n}}$，即 $e^{\frac{1}{n}\left(\sum_i^n \log y_i\right)}$。几何均值常常小于或等于算数均值。但这种解释在分位数回归中无效。

参考文献

Abreveya, J. (2001). The effects of demographics and maternal behavior on the distribution of birth oucomes. *Empirical Economics*, *26*, 247—257.

Austin, P., Th, J., Daly, P., & Alter, D. (2005). The use of quantile regression in health care research: A case study examining gender differences in the timeliness of thrombolytic therapy. *Statistics in Medicine*, *24*, 791—816.

Bedi, A., & Edwards, J. (2002). The impact of school quality on earnings and educational returns—evidence from a low-income country. *Journal of Development Economics*, *68*, 157—185.

Berry, W. D. (1993). *Understanding regression assumptions*. Newbury Park, CA: Sage Publications.

Berry, W D., & Feldman, S. (1985). *Multiple regression in practice*. Beverly Hills, CA: Sage Publications.

Buchinsky, M. (1994). Changes in the U. S. wage structure 1963—1987: Application of quantile regression. *Econometrica*, *62*, 405—458.

Budd, J. W., & McCall, B. P. (2001). The grocery stores wage distribution: A semi-parametric analysis of the role of retailing and labor market institutions. *Industrial and Labor Relations Review*, *54*, *Extra Issue: Industry Studies of Wage Inequality*, 484—501.

Cade, B. S., Terrell, J. W., & Schroeder, R. L. (1999). Estimating effects of limiting factors with regression quantiles. *Ecology*, *80*, 311—323.

Chamberlain, G. (1994). Quantile regression, censoring and the structure of wages. In C. Skins (Ed.), *Advances in Econometrics* (pp. 171—209). Cambridge, UK: Cambridge University Press.

Chay, K. Y., & Honore, B. E. (1998). Estimation of semiparametric censored regression models: An application to changes in black-white earnings inequality during the 1960s. *The Journal of Human Resources*, *33*, 4—38.

Edgeworth, F. (1888). On a new method of reducing observations relating to several quantiles. *Philosophical Magazine*, *25*, 184—191.

Efron, B. (1979). Bootstrap methods: Another look at the jackknife. *Annals of Statistics*, *7*, 1—26.

Eide, E. R., & Showalter, M. H. (1999). Factors affecting the transmission of earnings across generations: A quantile regression approach. *The Journal of Human Resources*, *34*, 253—267.

Eide, E. R. , Showalter, M. , & Sims, D. (2002). The effects of secondary school quality on the distribution of earnings. *Contemporary Economic Policy*, *20*, 160—170.

Feiring, B. R. (1986). *Linear programming*. Beverly Hills, CA: Sage Publications. Fortin, N. M. , & Lemieux, T. (1998). Rank regressions, wage distributions, and the gender gap. *The Journal of Human Resources*, *33*, 610—643.

Handcock, M. S. , & Morris, M. (1999). *Relative distribution methods in the social sciences*. New York: Springer.

Hao, L. (2005, April). *Immigration and wealth inequality: A distributional approach*. Invited seminar at The Center for the Study of Wealth and Inequality, Columbia University.

Hao, L. (2006a, January). *Sources of wealth inequality: Analyzing conditional distribution*. Invited seminar at The Center for Advanced Social Science Research, New York University.

Hao, L. (2006b, May). *Sources of wealth inequality: Analyzing conditional location and shape shifts*. Paper presented at the Research Committee on Social Stratification and Mobility (RC28) of the International Sociological Association (ISA) Spring meeting 2006 in Nijmegen, the Netherlands.

Kocherginsky, M. , He, X. , & Mu, Y. (2005). Practical confidence intervals for regression quantiles. *Journal of Computational and Graphical Statistics*, *14*, 41—55.

Koenker, R. (1994). Confidence intervals for regression quantiles. In *Proceedings of the 5th Prague symposium on asymptotic statistics* (pp. 349—359). New York: Springer-Verlag.

Koenker, R. (2005). *Quantile regression*. Cambridge, UK: Cambridge University Press.

Koenker, R. , & Bassett, Jr. , G. (1978). Regression quantiles. *Econometrica*, *46*, 33—50.

Koenker, R. , & d'Orey, V. (1987). Computing regression quantiles. *Applied Statistics*, *36*, 383—393.

Koenker, R. , & Hallock, K. F. (2001). Quantile regression: An introduction. *Journal of Economic Perspectives*, *15*, 143—156.

Koenker, R. , & Machado, J. A. F. (1999). Goodness of fit and related inference processes for quantile regression. *Journal of Econometrics*, *93*, 327—344.

Lemieux, T. (2006). Post-secondary education and increasing wage inequality. *Working Paper No. 12077*. Cambridge, MA: National Bureau of Economic Research.

Machado, J. , & Mata, J. (2005). Counterfactual decomposition of changes in wage distributions using quantile regression. *Journal of Applied Econometrics*, *20*, 445—465.

Manning, W. G. (1998). The logged dependent variable, heteroscedasticity, and the retransformation problem. *Journal of Health Economics*, *17*, 283—295.

Melly, B. (2005). Decomposition of differences in distribution using quantile regression. *Labour Economics*, *12*, 577—590.

Mooney, C. Z. (1993). *Bootstrapping: A nonparametric approach to statistical inference*. Newbury Park, CA: Sage Publications

Scharf, E S. , Juanes, F. , & Sutherland, M. (1989). Inferring ecological relationships from the edges of scatter diagrams: Comparison of regression techniques. *Ecology*, *79*, 448—460.

Scheffé, H. (1959). *Analysis of variance*. New York: Wiley.

Schroeder, L. D. (1986). *Understanding regression analysis: An introductory guide*. Beverly Hills, CA: Sage Publications.

Shapiro, I. , & Friedman, J. (2001). *Income tax rates and high-income taxpayers: How strong is the case for major rate reduction?* Washington, DC: Center for Budget and Policy Priorities.

U. S. Census Bureau. (2001). *U. S. Department of Commerce News*. (CB01-158). Washington, DC.

Wei, Y. , Pere, A. , Koenker, R. , & He, X. (2006). Quantile regression methods for reference growth charts. *Statistics in Medicine*, *25*, 1369—1382.

译名对照表

asymptotic inference	渐近推断
asymptotic procedure	渐近程序
average squared deviation	均方差
bootstrap method	自举法
bootstrap sample	自举样本
conditional mean	条件平均数
conditional median regression	条件中位数回归
conditional scale	条件单位
conditional-mean function	条件均值函数
conditional-mean modeling framework	条件均值的建模框架
conditional-mean models	条件均值模型
confidence envelope	置信封闭间
corresponding diagonal element	相应对角元素
derivative	导数
distributional interpretation	分布理解
empirical or sample CDF	经验或样本累积分布函数
exterior-point algorithms	外点计算
heteroscedastic error	异方差误差模型
inverse	逆反函数
in-sync	同步模式
least squares estimation	最小二乘估计
least-absolute-distance estimation	最小绝对距离估计
linear equivariance	线性同变性
mean absolute distance	平均绝对距离
mean effect(ME)	均值效应
mean squared deviation	均值平方差
median regression	中位数回归
median-regression line	中位数回归线
minimum distance principle	最小距离原则
moment-based measure	动差法
monotone equivariance	单调同变性

monotonic equivariance principle	单调同变性原理
multivariate normal approximation	多变量正态近似法
noncentral locations	非中心位置
one-model assumption	单一模型假设
out of sync	不同步模式
point/line duality	点/线二元性
polyhedral surface	多面体曲面
quantile-based measures	分位差方法
quantile-based procedures	分位差程序
quantile-based scale measure	分位差刻度测量
quantile-based skewness(QSK)	分位差偏态测量法
quantile-regression model(QRM)	分位数回归模型
reference and comparison	参考与比较
sample points	样本点
sample quantiles	样本分位数
sampled distribution	抽样分布
scalar multiple	纯量倍数
scale and skewness	刻度和偏态
scale shift	尺度变化
skewness shift	偏态变化
smearing factor	拖尾因子
Studentized Range Test	差距检定法
the sum of absolute residuals	绝对残差总和
top-coded	顶端编码
typical-setting effects(TSE)	典型设定值
upper spread	上端部分

图书在版编目(CIP)数据

分位数回归模型/(美)郝令昕,(美)丹尼尔·Q.
奈曼著;肖东亮译.—上海:格致出版社:上海人民
出版社,2017.4(2019.4重印)
(格致方法·定量研究系列)
ISBN 978 - 7 - 5432 - 2733 - 0

Ⅰ.①分… Ⅱ.①郝… ②丹… ③肖… Ⅲ.①自回归
模型-研究 Ⅳ.①O212.1

中国版本图书馆 CIP 数据核字(2017)第 046787 号

责任编辑 张苗凤

格致方法·定量研究系列

分位数回归模型
[美]郝令昕 丹尼尔·Q.奈曼 著
肖东亮 译

出　　版　格致出版社
　　　　　上海人&大版社
　　　　　(200001　上海福建中路 193 号)
发　　行　上海人民出版社发行中心
印　　刷　上海商务联西印刷有限公司
开　　本　920×1168　1/32
印　　张　6.5
字　　数　129,000
版　　次　2017 年 4 月第 1 版
印　　次　2019 年 4 月第 2 次印刷
ISBN 978 - 7 - 5432 - 2733 - 0/C·176
定　　价　35.00 元

格致方法·定量研究系列